NCS 기반 [6 Level]

Commercial Upstyle

실용 업스타일

Kim, Jin Sook
Son, Jin A

Chung Ku Publisher

머리말

여성의 아름다움을 표현하는 미적 행위로 헤어스타일(hair style)은 매우 중요한 역할을 한다. 헤어스타일은 트렌드와 유행에 민감하지만 때와 장소에 따라 연출하는 방법이 달라지기 때문에 보편적으로는 유행에 뒤떨어지지 않는 자연스러운 헤어스타일을 선호한다. 하지만, 특별한 날이나 중요한 행사에서는 의전에 맞는 헤어스타일을 선택하여 의상과 더불어 완벽한 조화를 이루는 것이 바람직하다.

헤어디자인에 있어 업스타일(upstyle)은 고객의 요구와 필요에 의해 디자인이 계획되지만 고객의 얼굴형과 나이, 모발의 길이나 모량의 많고 적음에 따라 디자인의 형태가 결정되는 것이므로 사전에 충분한 상담과 예시를 통하여 디자인을 구성하고 연출하여 자연스러운 결과물을 도출하여야 한다.

누구나 업스타일에 입문하는 많은 사람들이 겪는 시행착오 중에 중요한 것은 기본적으로 다루어야 할 기초적인 기법들과 방법들을 숙지하지 않고 스타일링(styling)에만 더 중점을 두기 때문에 실패하는 경우가 많다. 스타일링 보다는 전체적인 실루엣(silhouette)과 형태선을 유지하면서 균형과 조화가 잘 이루어지도록 연출하는 것이 업스타일의 완성도를 높일 수 있는 방법이다. 물론 기술을 습득하는 것이 간단하지는 않지만, 기초적인 작업들이 숙련되어야만 업스타일의 완성도를 높일 수 있으며 반복적인 작업을 통하여 실용적이고 창의적인 작품들을 자유스럽게 창작할 수 있을 것이라고 본다.

이 책에 실린 작품들은 뷰티산업 현장에서 쉽게 접할 수 있는 작품들을 중심으로 하였고, NCS를 기반으로 하는 6 수준(Level) 이상의 작품들로 구성하였다. 따라서 이론적인 것보다는 뷰티산업 현장에서의 활용도를 높이는 쪽에 비중을 두었으며, 헤어 디자이너들이 최대한 쉽게 이해하고 접할 수 있도록 정리하고자 노력하였다.

"아름다움이 세상을 구원하리라"는 러시아의 문호 도스토옙스키의 말처럼, 외면의 아름다움도 중요하지만 내적인 아름다움이 표출 되었을 때 아름다움은 극치를 이룰 것이라고 본다. 뷰티산업의 현장에서 아름다움을 연출하는 헤어 디자이너들에게 보다 많은 영감과 연출에 도움이 되길 바라는 바이다.

끝으로 이 책이 나오기까지 수고해 주신 모델들과 많은 도움을 주신 이수희, 김경자 교수님께 감사드리며 출판을 맡아 수고하신 청구문화사 이상태 사장님과 직원 분들에게도 진심으로 감사를 드린다.

2016년 새봄

저자 일동

Part 1 업스타일 디자인의 이해

Part 2 실용 업스타일

Contents

NCS 기반 [6 Level] 업스타일 (1201010111_14v2.4)

NCS - 학습 모듈의 위치	
대분류	이용·숙박·여행·오락·스포츠
중분류	이·미용
소분류	이·미용서비스
세분류	헤어 미용
능력단위	헤어스타일 연출
학습모듈명	업스타일 (1201010111_14v2.4)

교과목 프로파일

■ 교과목명 : 업스타일 (1201010111_14v2.4)

■ 교과목표

1. 기초이론을 바탕으로 롤(roll)과 웨이브(wave) 스타일을 응용할 수 있다.
2. 고객의 다양한 컨셉(concept)에 맞는 업스타일을 연출할 수 있다.

■ 교육시수 : 4시간 (이론: 1 /실습: 3)

■ 교육방법 : 교재를 통한 이론 및 실습

■ 선수학습 : 브로우드라이 하기(blow dry), 헤어마샬웨이브 하기, 헤어세트롤러 하기

■ 교육정보 : 컨셉(concept)이나 이미지에 따라 스타일 연출에 주의를 기울여야 한다.

■ 장비 및 도구(재료포함) : 헤어 스타일링 제품, 전기 세팅기, 브러시, 빗, 클립/고정핀, 컬링 아이론, 마셀 아이론, 플렛 아이론, 미용의자, 업스타일용 브러시(대,중,소), 업스타일 핀 세트(일자핀, U자핀), 헤어피스, 헤어 망, 고무줄, 미용 기기 및 기구, 비품, 제품

■ 교과내용

내용	모듈
1. 업스타일 가. 컨셉(concept)에 맞는 업스타일을 상담하여 다양한 스타일을 연출할 수 있다. 나. 아이롱이나 전기 세팅을 이용하여 웨이브를 연출할 수 있다. 다. 백콤 작업을 하여 원하는 곳에 볼륨을 살리고 핀과 스타일링제를 사용하여 마무리할 수 있다. 라. 컬러피스, 액세서리로 장식하여 스타일을 연출할 수 있다.	(1201010111_14v2.4) 업스타일

■ 평가내용

교과내용(대단원)	평가항목	평가방법						
		A	B	C	D	E	F	G
업스타일	- 실기능력평가(기본자세, 시술성, 조화성, 작품성)							V
	- 사지선다형, 단답형, 서술형			V				
	- 이해도, 참여도, 능률성	V						

[평가방법]

A-작업포트폴리오, B-문제해결시나리오, C-서술형 시험, D- 논술형 시험, E-사례연구, F-평가자 질문, G-평가자 체크리스트

part 01

업스타일 디자인의 이해

스타일에 대한 사전적 의미는 '모양, 유행, 유형이란 명사적인 뜻과 일정한 양식 또는 유행에 따라 디자인하다 또는 장식품을 만들다'로 되어 있다. 따라서 헤어스타일이란 '머리의 형'이라는 의미와 '머리를 일정한 양식이나 그 시대의 유행양식에 따라 디자인하는 것'을 말한다.

디자인 역사는 인간이 의식주를 위한 도구 제작에서 출발하여 오늘날에는 인간 본질의 문제에까지 영향을 미치고 있다. 이러한 디자인 행위는 어떤 이미지나 계획이 선행되고 그것을 실현하는 모든 조형활동을 말하며, 근래에 와서는 새로운 조형정신과 미의식에 따른 합목적인 조형의 구체적인 계획을 의미하고 어떤 형태로든 구체화되고 시각화되는 것을 말한다.

따라서 헤어디자인은 단순히 시·촉각적으로 느낄 수 있는 형태의 '외관을 치장하는데 드는 노력' 뿐만 아니라 개념적 능력을 필요로 하는 다원적이고 포괄적 의미를 내포하고 있어야 한다.

이는 헤어스타일의 아름다움에 대한 의식이 절대적 가치기준에 의해 정해져있는 것이 아니라 그 시대의 사회적, 문화적인 배경을 바탕으로 변천과 발전을 거듭해가고 있기 때문이다.

1. 업스타일의 개념

업스타일이란 긴 모발을 활동목적에 따라 편리하고 아름답게 표현하는 헤어스타일의 한 분야로 대개 긴 모발을 핀이나 끈 등을 이용하여 묶거나, 매거나, 땋거나 하는 방법으로 미적인 감각과 합목적성의 조화를 통한 다양한 방법의 헤어스타일을 연출하는 것을 말한다.

이러한 업스타일은 고대에는 장식목적과 함께 개인의 신분이나 계급을 나타내는 표시수단으로 역할을 해왔다. 그러나 현대에 와서는 다양한 의미를 부여하는 문화생활의 일부로 긴 머리를 묶거나 틀어 올려 장식품과 함께 구성하는 스타일 뿐만 아니라 짧은 머리 자체에 컬 형태나 피스활용을 통한 스타일까지 매우 다양하고 폭넓게 응용된다.

2. 업스타일의 디자인 요소

헤어스타일의 디자인요소에는 형태, 질감, 색채, 구조 등이 있다. 무엇을 본다는 것은 사물 자체만을 본다는 것이 아니라 그 사물의 이미지를 보는 것으로 손으로 만질 수 있는 무엇인가를 말하며 3차원의 입체로 형성되어 공간에서 존재한다. 이처럼 3차원의 입체를 만들 수 있는 요소들을 구성요소 또는 디자인 요소라 한다.

1) 형태 (form)

헤어디자인의 형태는 헤어디자인 모양을 나타내며 윤곽선이나 실루엣에 의해 결정되어진다. 이것은 모양, 크기, 방향의 구성요소들로 이루어져 있고 이 구성요소들은 완성된 스타일을 변화시킬 수 있는 중요한 역할을 한다.

(1) 모양 (shape)

형태[1]는 형체[2]를 만들어 주는 구체화된 사물의 모양과 바탕이라 할 수 있다.

[세로타원형]

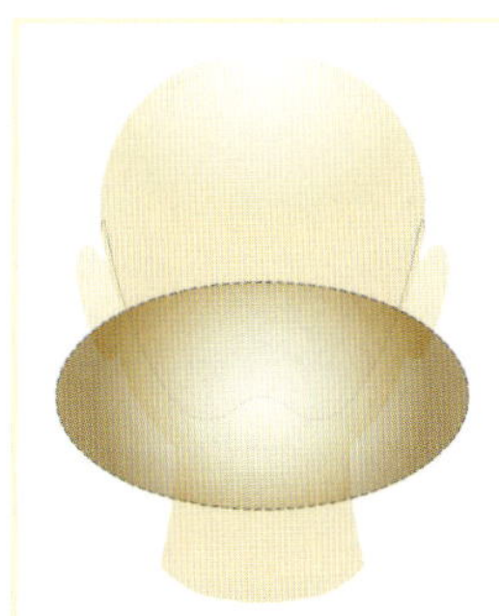

[가로타원형]

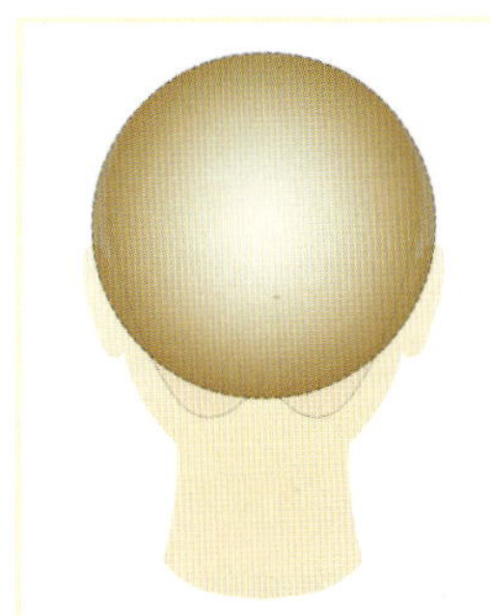

[원형]

1) 사물의 생긴 모양
2) 사물의 모양과 바탕, 물건의 외형

(2) 크기 (size)

각 모양의 크기는 디자인의 분위기에 영향을 줄 수 있으며 형태의 성격을 가장 강하게 시각화해 주기도 한다.

[위 감소 형]

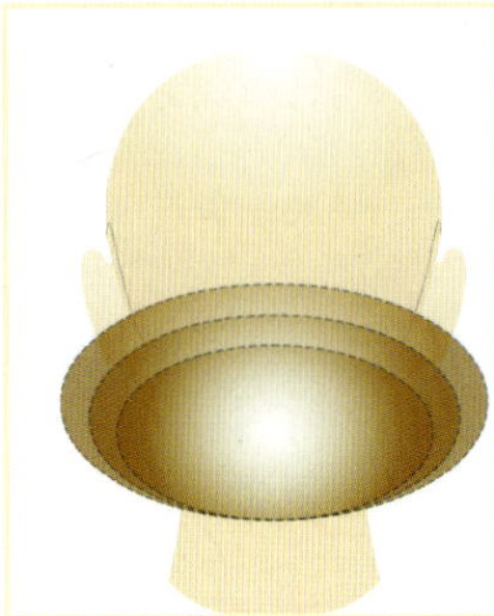

[네이프 형]

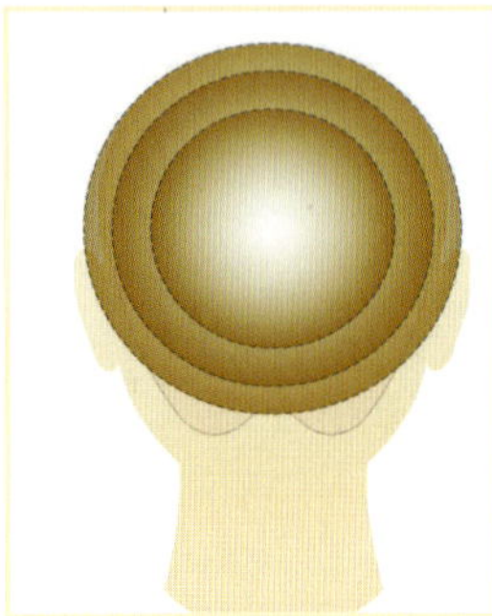

[백 형]

(3) 방향 (direction)

형태의 방향은 어떤 디자인의 모양이나 볼륨의 위치에 의해 이루어진다. 디자인 내에서 머리의 방향은 움직임을 뜻하며 디자인의 역동성에 중요한 역할을 한다.

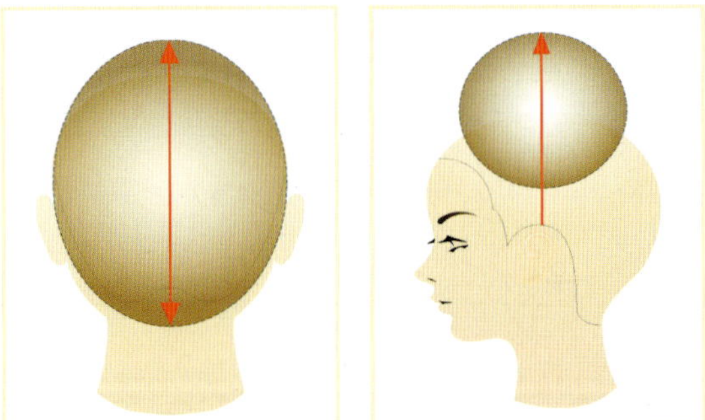

[수 직]

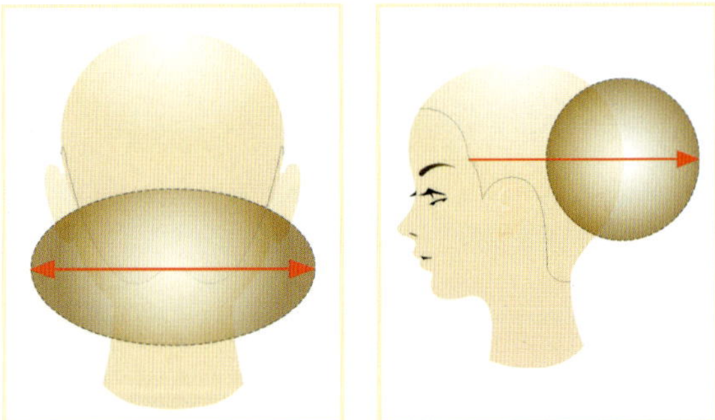

[수 평]

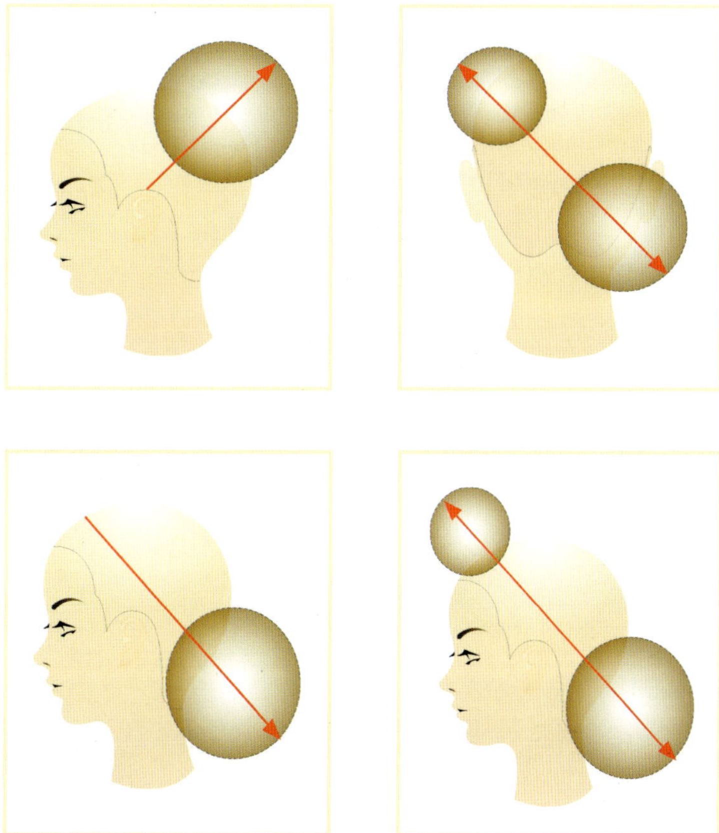

[사 선]

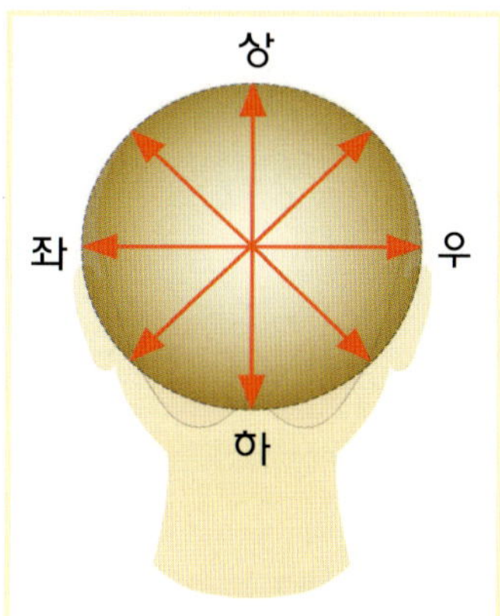

[방 향]

(4) 위치 (position)

모양이나 크기, 방향에 따라 상호 조화에 영향을 미치며 각각의 얼굴형, 두형, 체형, T.P.O에 맞추는 수단으로 유용하게 사용되어지며 포인트의 위치 이동에 따라 다양한 이미지 변화를 창출할 수 있다.

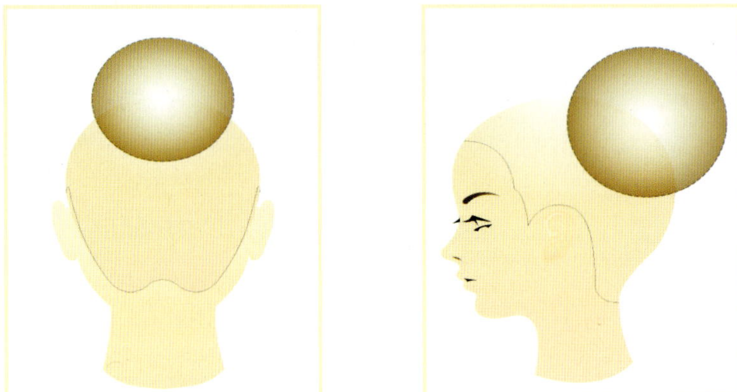

[하이 : 우아함, 화려함]

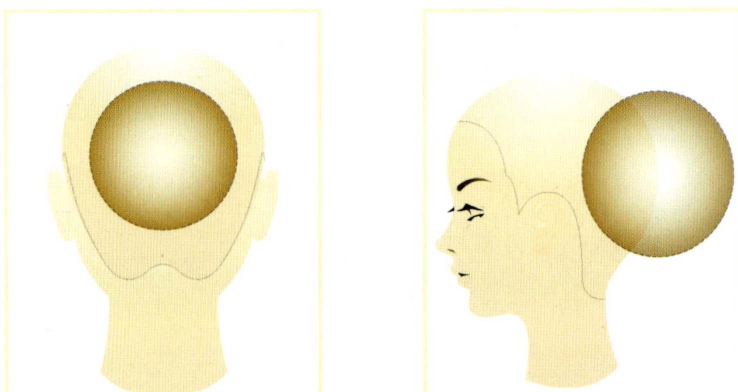

[미디움 : 안정감, 발랄함]

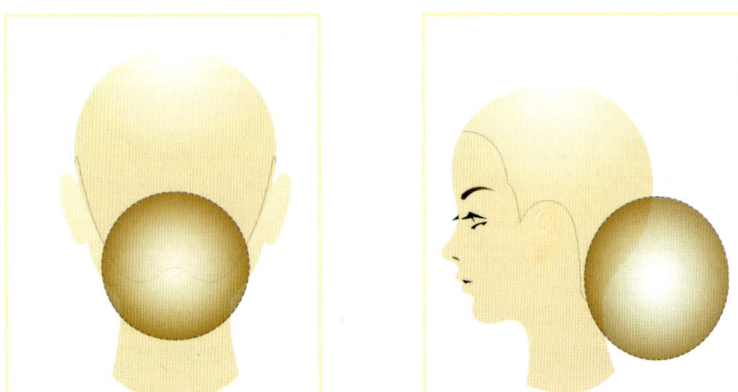

[로우 : 고전적, 딱딱함]

2) 질감 (texture)

질감은 표면의 모양으로 우리 주위의 모든 것에서 볼 수 있으며 거칠다, 매끈하다, 무겁다, 가볍다 등으로 나타낸다.

업스타일에서 질감은 매끈한(unactivated) 질감과 울퉁불퉁한 (activated) 질감으로 구분지어질 수 있다. 컬의 기법이나 양은 결과적으로 나타나는 질감에 영향을 미치며 땋거나 꼬거나 컬이 진 머리는 도드라진 표면을 만든다.

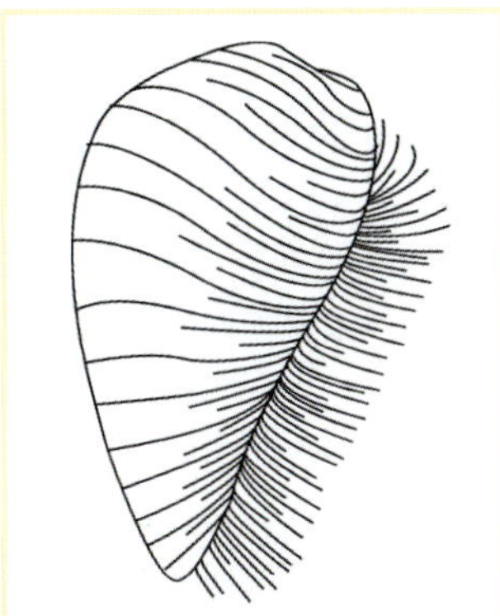

[unactivated]

[Activated]

3) 색상 (color)

깊이, 면적, 질감의 착시 현상을 일으키는 디자인 요소로 원근법과 명암법을 사용한다. 색상은 디자인 내의 특정부분을 강조함으로써 시선을 이끌어 방향을 내포하기도 한다.

(1) 명암

헤어스타일에 밝은 색 모발과 어두운 색 모발이 혼합되어 있는 경우, 어두운 색상은 깊이를 더하고 전반적인 형태에 주위를 집중시키는 반면, 밝은 색상은 형태 내의 각각의 모양에 시선을 이끌어준다.

(2) 색상 혼합

머리 색상의 혼합은 이러한 디자인에 크기(입체감)를 더해주며, 질감에 착시효과를 준다. 미묘한 색상(모호함)의 변화는 웨이브와 방향을 강조해 줄 수 있으며, 각각의 모양을 분리시킴으로써 흥미를 더해주기도 한다.

4) 구성 (composition)

헤어디자인이란 고객이 희망하는 것과 디자이너의 아이디어가 합쳐져서 미용기술에 의해 구체화되는 이미지와 소재와 기술의 총체라고 할 수 있다.

헤어스타일의 구성요소는 정점(vertex), 모서리(edge), 면(face)이며, 구성의 형태적 특성요소는 선, 색채, 질감 등으로 형식적 성질인 비례, 질서, 균형, 조화 등의 원리에 따른다. 따라서 헤어디자인에서 객관적인 미는 디자인 요소를 디자인 원리에 따라 적절히 배치하여 스타일을 구성함으로서 미를 구현하는 것을 말한다.

3. 업스타일 디자인의 프로세스

헤어디자인을 언급할 때 보편적으로 완성된 조형적 형태가 우선 인식된다. 하지만 이는 헤어디자인의 일부분만 부각된 것이며, 헤어디자인이란 고객의 욕구를 파악하는 디자인계획에서부터 세부적 전개 과정을 통해 디자인이 결정되는 종합적인 문제해결과정이다.

따라서 결정된 디자인에 따라 시술도구와 기술요소를 이용하여 시술하며 그 프로세스는 다음과 같다.

1) 의의

고객의 목적이나 미적 가치 기준에 따라 이미지나 생각을 구체화하여 업스타일의 디자인을 하여야 한다. 이는 주어진 목적을 달성하기 위하여 여러 디자인 요소들을 합리적으로 선택하여 구성하는 창조활동이며 다음과 같은 목적을 가지고 창조되어진다.

첫째, 고객에게서 건강한 모발과 미적 가치를 줄 수 있어야 한다.
둘째, 실용적 가치와 합목적성을 제공해야 한다.

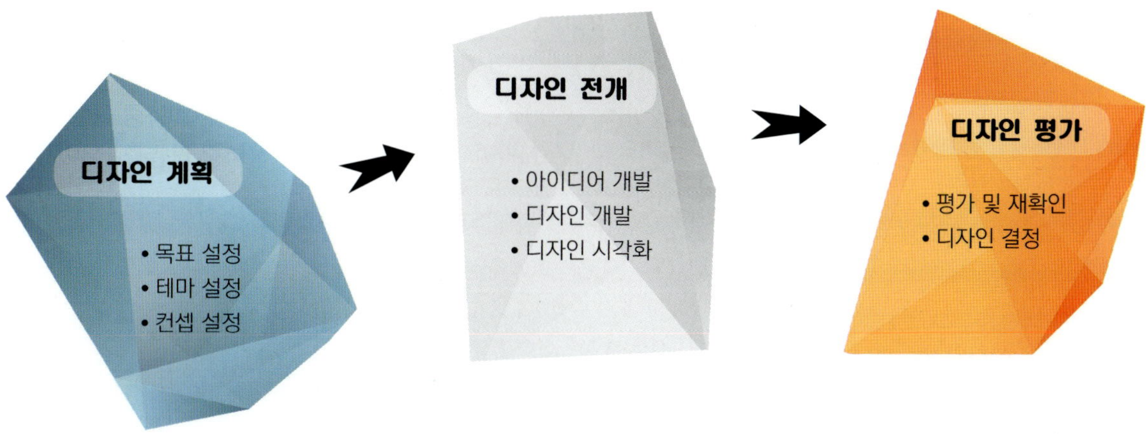

2) 방법

디자인 컨셉에 따라 목적에 어울리는 업스타일로 변화시키는 과정이다.

3) 업스타일 결정의 고려 사항

고객이 가지고 있는 모발상태와 신체적 특징, 메이크업, 의상, 액세서리 등의 시각적 정보를 먼저 파악하여 상호간에 조화가 이루어지도록 디자인이 설정되어야 한다.

(1) 외적 요소

신체적 특징인 체격, 어깨선, 목선과 얼굴형의 윤곽, 이마, 눈의 크기와 모발의 길이, 모량, 단차, 두상의 골격, 페이스 라인의 모량 등을 고려하여 스타일이 연출되어져야 한다. 특히 업스타일은 얼굴의 형태가 그대로 드러나기 때문에 얼굴의 결점을 커버하고 장점을 돋보이게 할 필요가 있다.

또한 한복, 웨딩드레스, 파티드레스, 평상복 등 각각의 의상의 컨셉에 따라 달리 스타일을 하여야 하며, 스타일에 맞추어 액세서리 등이 조화가 이루어지도록 하여야한다.

(2) 내적 요소

고객의 나이나 직업, 스타일의 선호정도와 참석하는 행사의 성격을 파악하고, 메이크업 패턴과 색상 등을 고려하여 목적에 따른 메이크업과 업스타일 디자인을 조화롭게 연출한다.

[업스타일 디자인 프로세스]

단계	디자인 프로세스	내 용	
디자인 계획	문제 인식, 목표 설정(상담)	외적 요소	체격, 어깨선, 목선, 얼굴윤곽, 모발길이, 의상, 메이크업, 액세서리 등
		내적 요소	나이, 직업, 유행, 행사의 특성 등
	테마 설정	목표에 적절하고 디자인에 대한 전반적인 이미지를 함축하는 테마를 설정한다.	
	컨셉설정	선정된 테마에 맞추어 디자인에 사용할 형태, 색채, 질감, 기술요소 등을 선정한다.	
디자인 전개	아이디어 개발	아이디어 준비	고객 상담에 대한 정보를 토대로 창의성과 한계성의 설정
		아이디어 수집	아이디어 합성, 구체화
		아이디어 편집	디자인 원칙에 의한 컨셉 구현
	디자인 개발	디자인의 세부 사항 선정	형태 - 모양, 크기, 방향, 위치
			질감 - 매끈한, 울퉁불퉁한
			색채 - 명암, 색상혼합
	디자인 시각화	이미지 스케치	
디자인 평가	평가 및 재확인	창조된 업스타일 디자인을 평가하고, 고객과 충분한 의사소통으로 디자인을 검토 확인 및 문제점 보완작업을 한다.	
	디자인 결정	디자인의 최종 단계로 시술할 디자인을 결정	

4. 업스타일 디자인의 기본 테크닉

1) 기본 요소

(1) 사용도구

업스타일은 사용하는 도구의 형태나 소재에 따라 완성된 스타일에서 질감이나 형태가 달라질 수 있다. 따라서 도구의 선택은 스타일의 목적에 적합하게 선정하며 일반적으로 다음과 같은 도구와 기술이 사용된다.

고데기

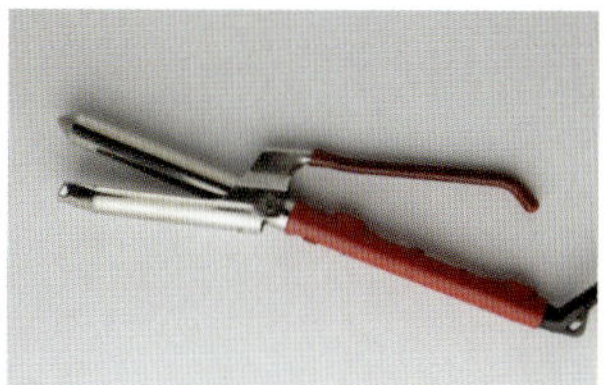
컬링 아이론(curling iron)

플랫 아이론(flat iron)

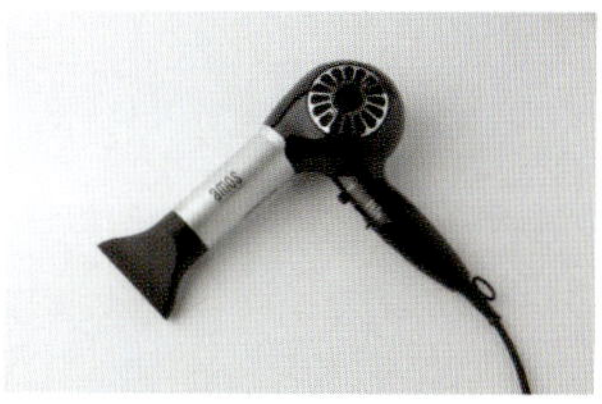
드라이어

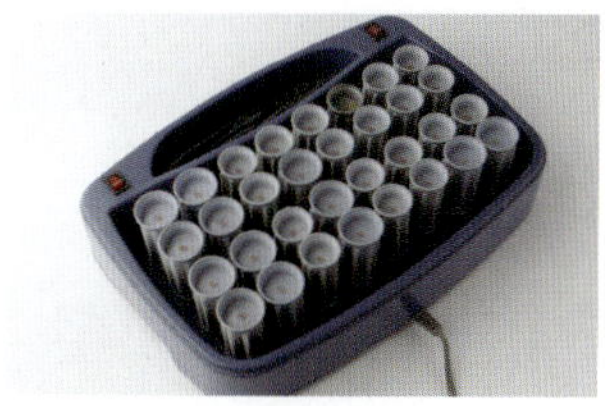
세팅기

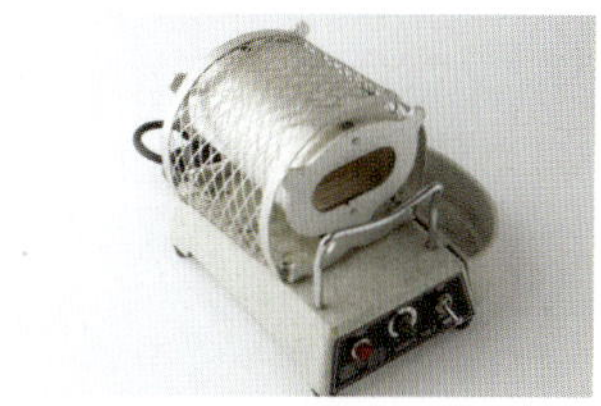
전열기

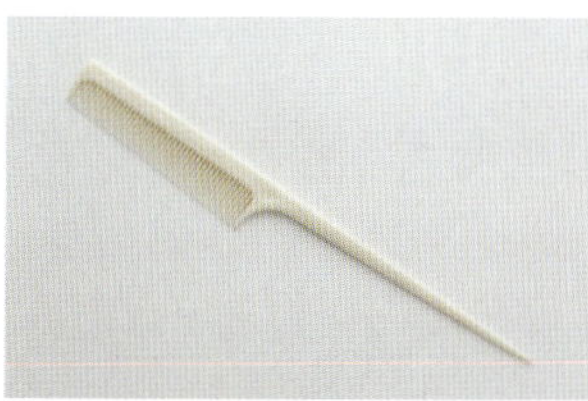
꼬리빗

브러시

오발빗

왁스

고정 스프레이

샤인 스프레이

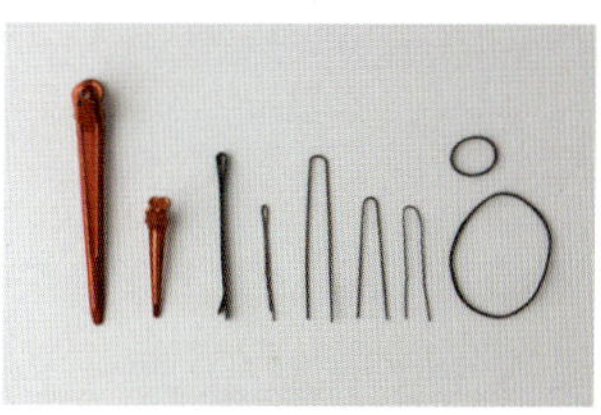
핀, 고무줄

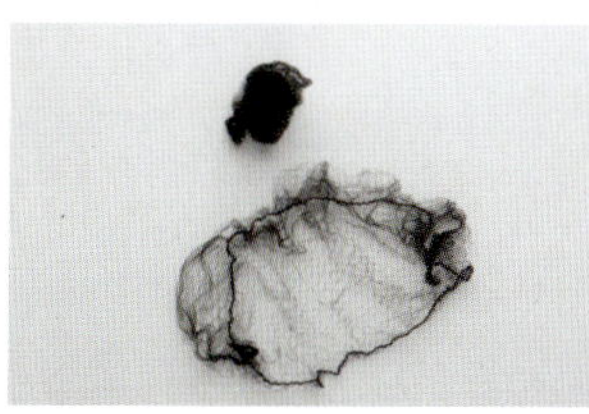
망

헤어피스

(2) 두상의 포인트

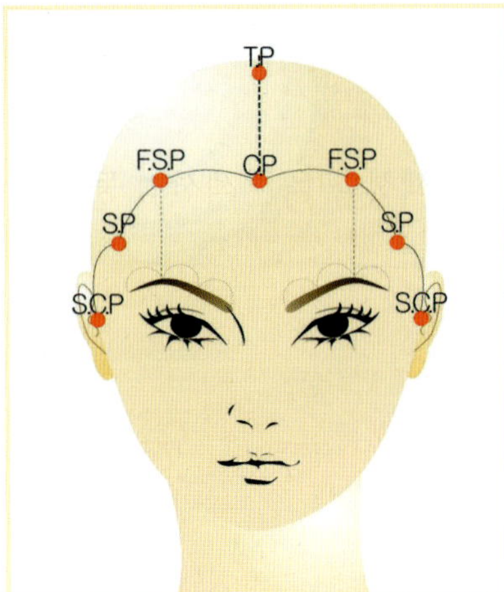

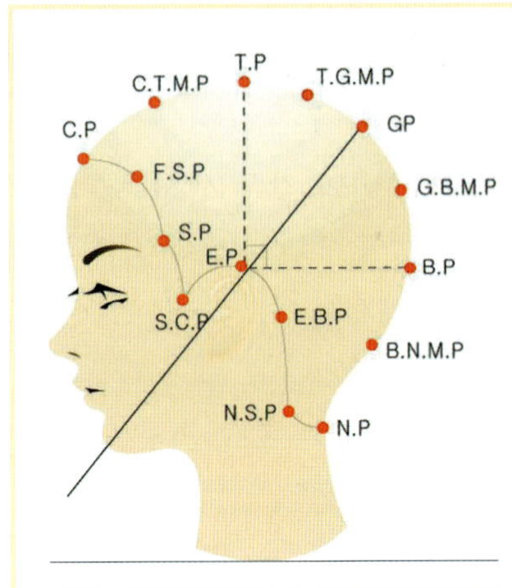

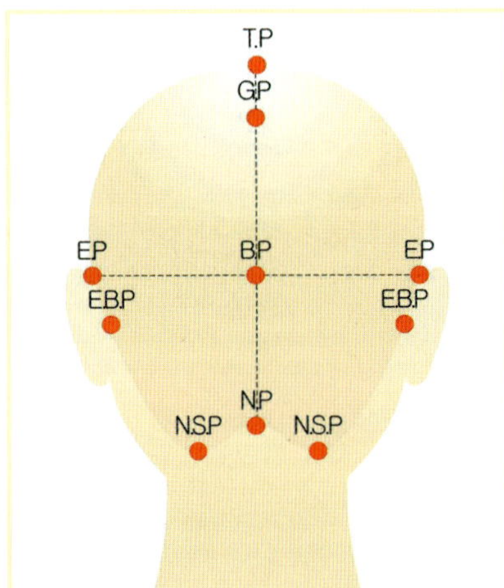

기호	명 칭	기호	명 칭
E.P	Ear Point	S.C.P	Side Coner Point
C.P	Center Point	E.B.P	Ear Back Point
T.P	Top Point	N.S.P	Nape Side Point
G.P	Golden Point	C.T.M.P	Center Top Medium Point
B.P	Back Point	T.G.M.P	Top Golden Medium Point
N.P	Nape Point	G.B.M.P	Golden Back Medium Point
F.S.P	Front Side Point	B.N.M.P	Back Nape Medium Point
S.P	Side Point		

(3) 섹션

업스타일을 디자인하기 위한 섹션 방법에는 작업 의도에 따라 여러 가지 형태가 있을 수 있다. 일반적으로 섹션이라 하면 G.P나 T.P에서 일정하게 좌우로 분할하거나 G.P, T.P, C.P를 중심으로 상하를 분할하는 방법이다. 하지만 완성된 작품의 작품성을 높이기 위해서는 작품의 정확한 의도에 따라 분할과 세팅이 먼저 합리적이어야 하기 때문에 섹션의 응용력과 올바른 적용은 매우 중요하다. 이와 같은 섹션은 기본 섹션인 직선 섹션과 응용 섹션인 둥근 섹션으로 구분된다.

① 직선 섹션 (linear section)

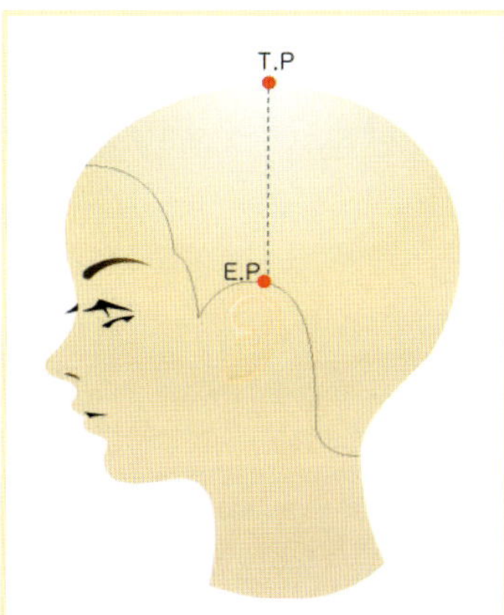

[E.P~T.P 라인]

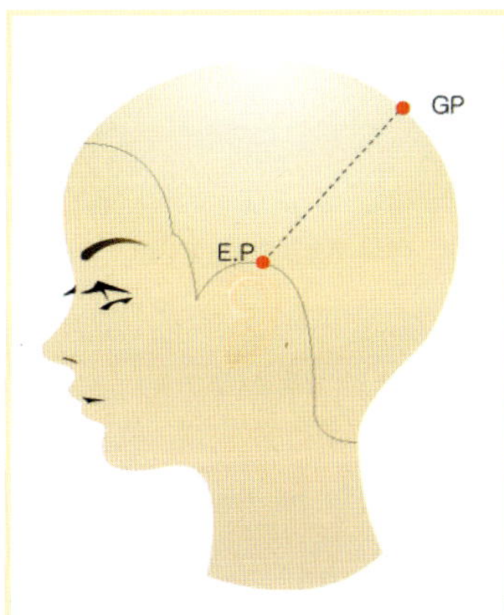

[E.P~G.P 라인]

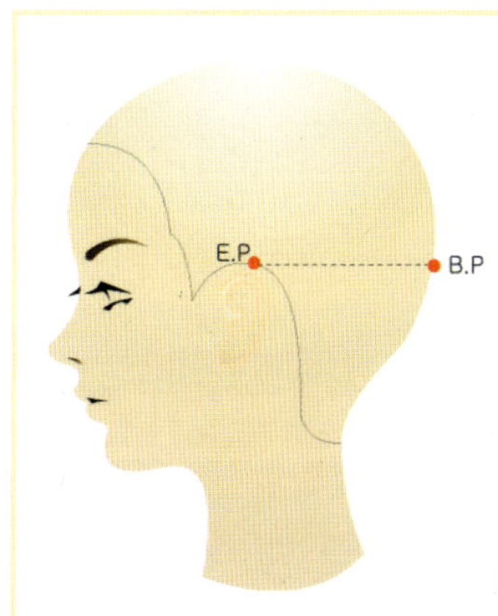

[E.P~B.P 라인]

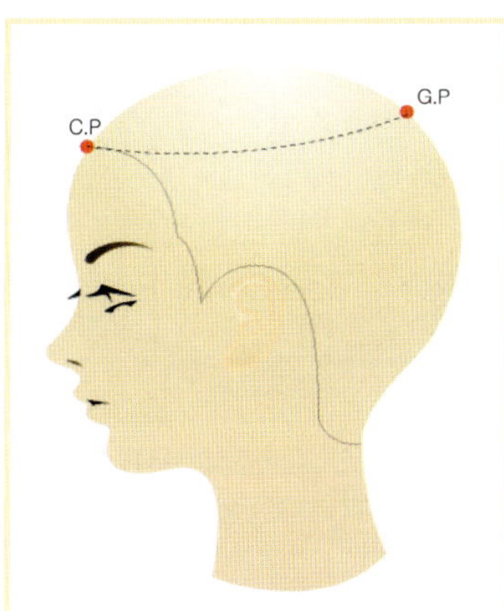

[G.P~C.P 라인]

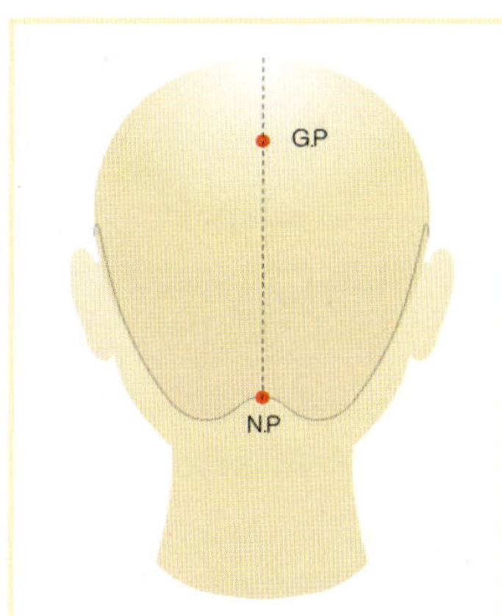

[G.P~N.P 라인]

② 둥근 섹션 (circle section)

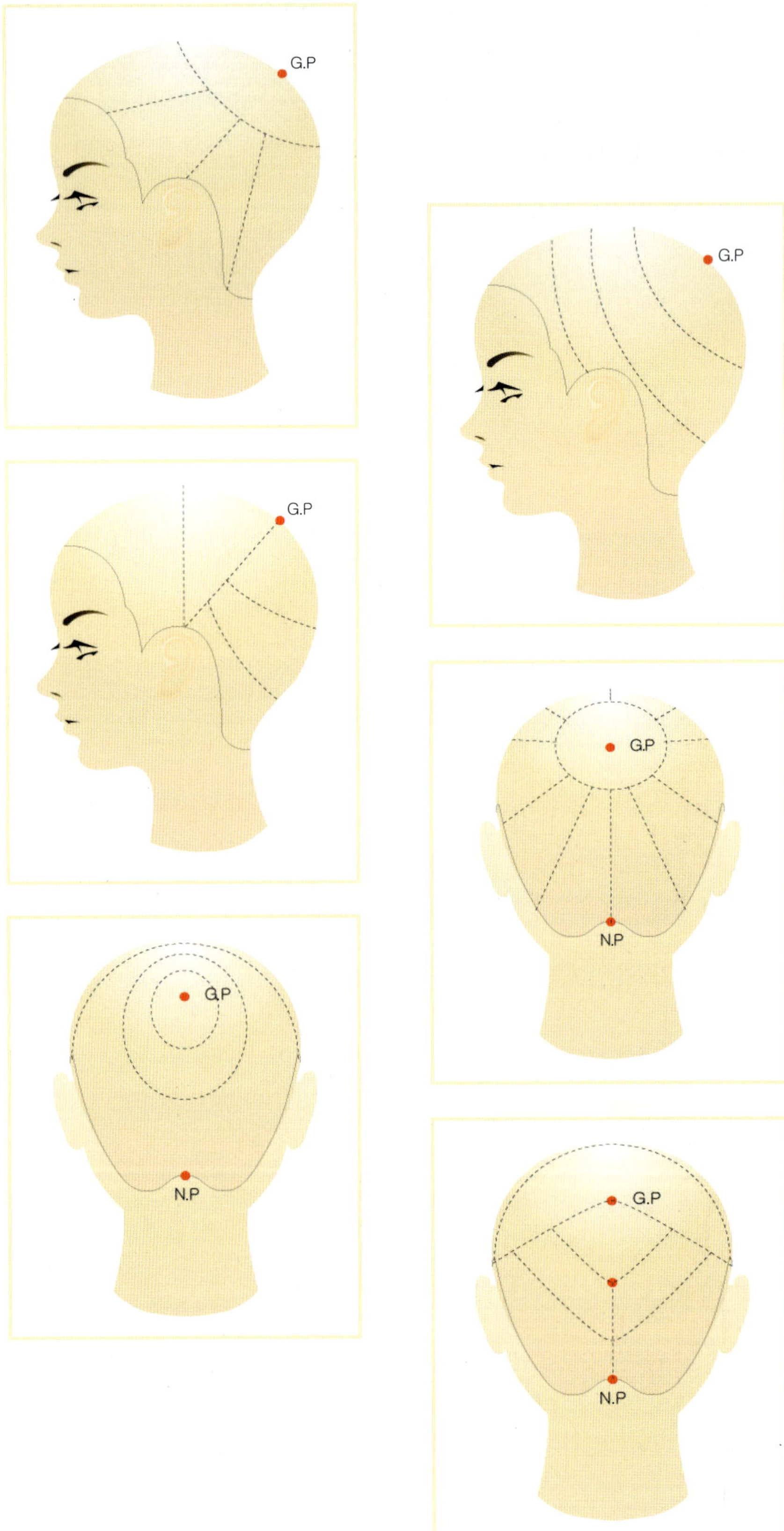

(4) 세팅

세팅은 업스타일을 하기 위한 사전작업으로 모류의 방향이나 볼륨 등을 감안하여 업스타일의 디자인과 모발의 길이와 양에 따라 롤의 굵기, 스템의 각도, 스템의 방향, 텐션과 타임(time) 등을 고려하여 작업하며 그 효과는 다음과 같다.

① 업 스템으로 와인딩 하면 탄력감과 볼륨감을 보강할 수 있다.
② 잔머리가 있을 경우 처리가 가능하다.
③ 끝 처리를 가지런하게 할 수 있다.
④ 업스타일의 형태에 따른 방향과 위치를 변화시킬 수 있다.

(5) 묶기

포니테일 스타일이나 모량과 실루엣의 조절, 그리고 땋기 등에서 반드시 거치는 과정으로 묶는 도구로는 고무 밴드와 끈 고무줄이 있다. 끈 고무줄은 모량이 많고 힘을 많이 받는 모발 묶기에 사용한다.

의도한 포니테일 지점으로 모발을 곱게 빗질하여 왼손으로 잡는다.

왼손 엄지에 고무줄을 걸고 끈 고무줄을 타이트하게 돌려 감는다.

다시 한바퀴를 감아 가운데 지점으로 돌아오는 것을 반복한다.

마지막은 고무줄끼리 서로 끼워서 완성한다.

(6) 토대 (foundation)

롱 헤어를 디자인 할 때 자연스럽게 머리를 내리는 '다운 스타일'을 제외하고, 형태를 위쪽으로 올려서 고정시키는 경우에 토대를 만들면 작업이 용이하고 형태를 안정되게 유지할 수 있다.

① 토대의 효과

• 모발의 양과 체형과의 조화에 따라 토대에 사용될 머리 다발의 양을 조절함으로써 스타일의 크기를 조절할 수가 있다.
• 토대를 기준으로 핀-워크에 의한 모발 고정을 단단하게 할 수 있다.
• 토대의 머리다발이 베이스가 되어 그 부분을 부풀게 함으로써 부분적인 양감(볼륨감)을 얻을 수가 있다.

② 토대 베이스의 기본위치

토대 베이스의 기본형은 일반적으로 G.P(골든 포인트)에서 B.P(백 포인트) 사이에 역삼각형이나 타원형 모양이 된다.
크기와 위치는 모량과 디자인의 목적에 따라 변화된다.

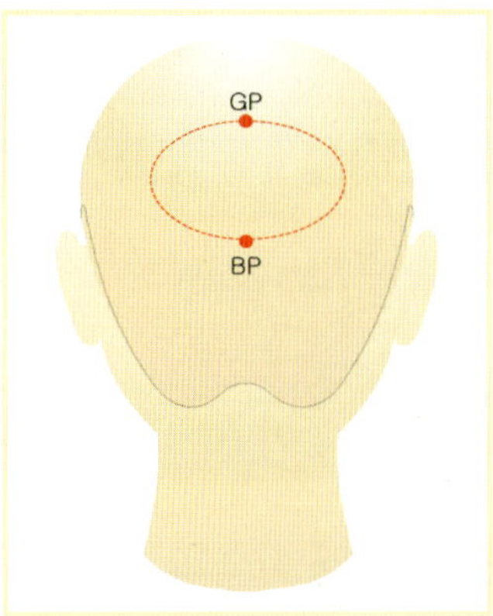

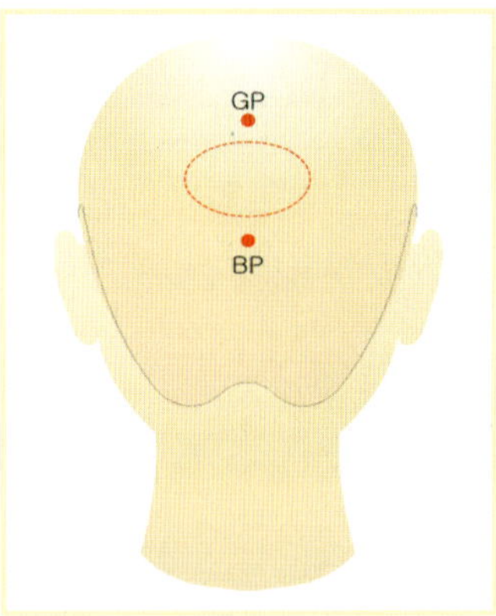

[가로모양의 위치]

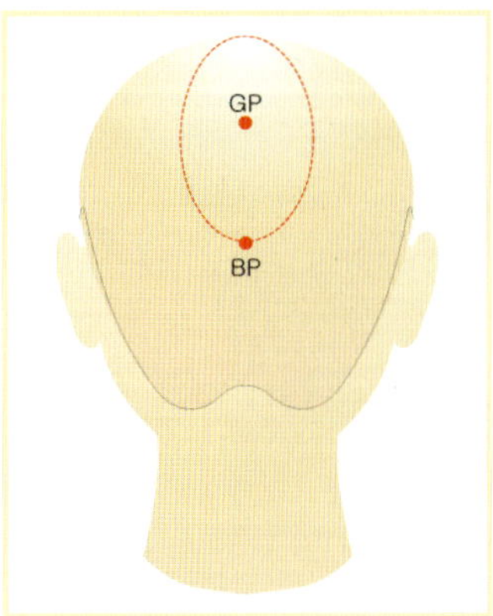

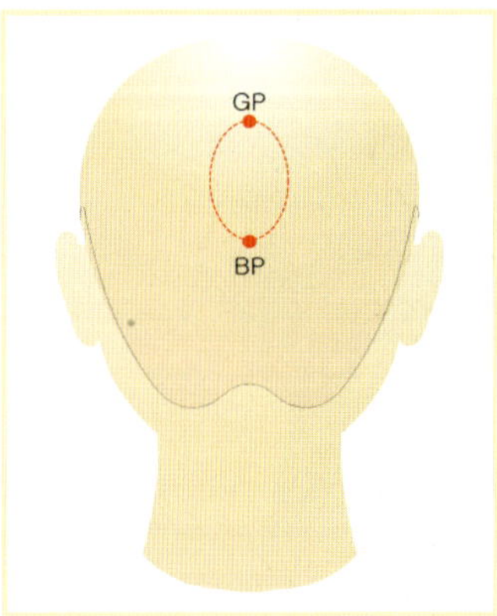

[세로모양의 위치]

③ 밴드로 묶는 토대를 처리하는 방법

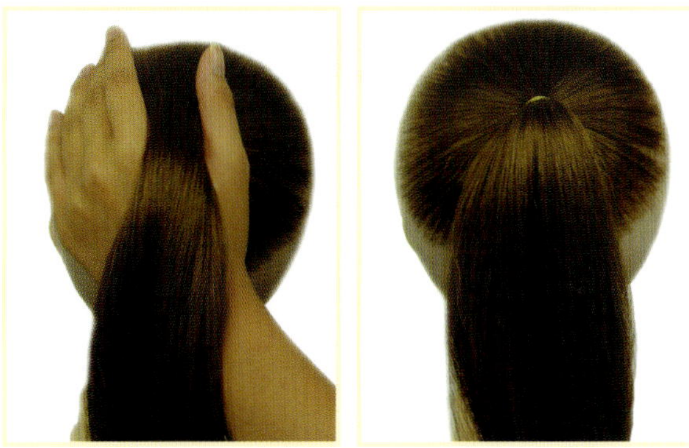

[묶는 방법]

[꼬는 방법]

[땋는 방법]

[백콤을 이용한 방법]

[롤을 이용한 방법]

④ 토대 베이스의 기본모양

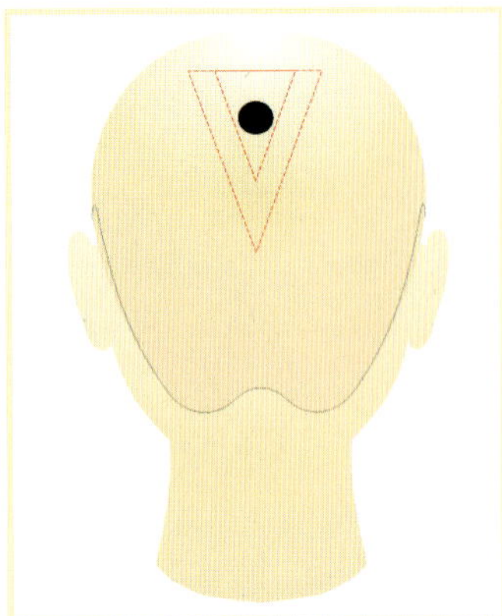

[역삼각형]

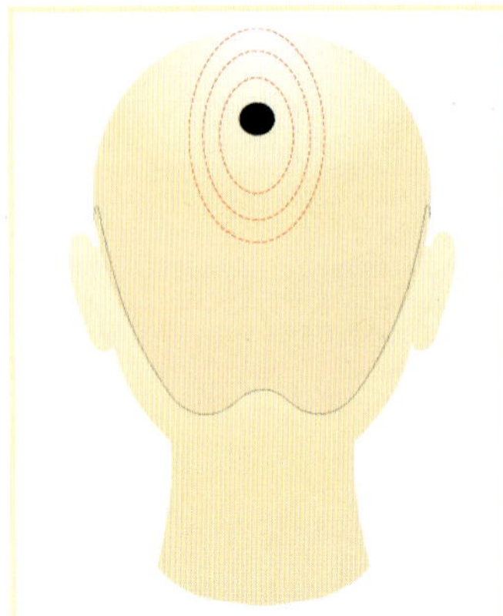

[세로 타원형]

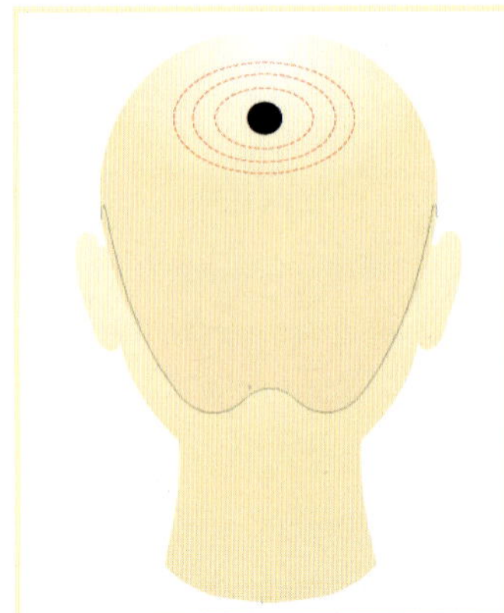

[가로 타원형]

⑤ 토대 베이스의 응용모양

역삼각형이나 타원형 토대가 기본형이지만, 디자인에 따라서는 U자형이라든지 다이아몬드형 등도 사용할 수가 있으며 위치와 크기도 변화시킬 수 있다.

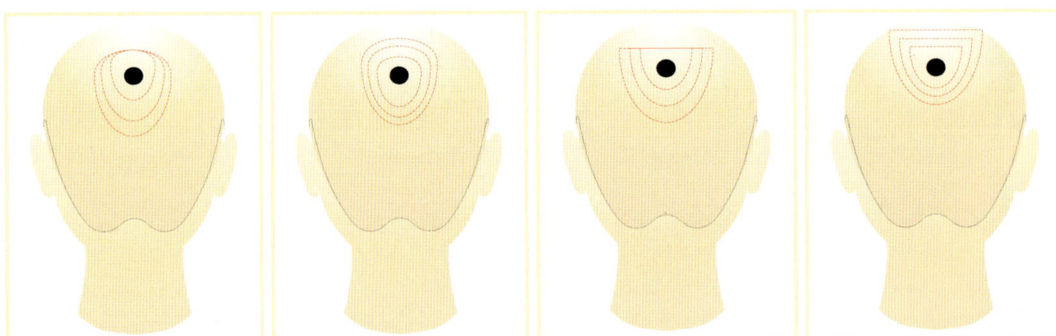

[U자형 토대]

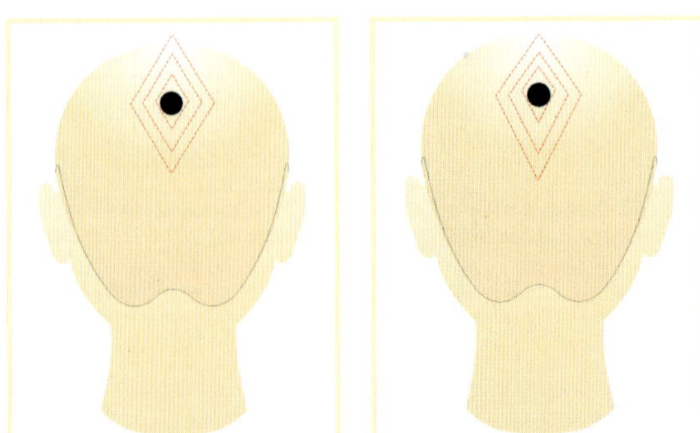

[다이아몬드형 토대]

(7) 백콤

백콤은 디자인의 의도에 따라 모류의 변화를 줄 수 있으며, 디자인의 조건과 모발의 상태에 따라 백콤의 테크닉을 달리하여야 한다.

이는 스타일의 목적과 테크닉의 효과를 충분히 계산하면서 표현하는 일이 중요하다.

① 백콤의 의의와 목적

백콤은 판넬 각도와 빗질의 힘에 의해 효과가 달라질 수 있다. 따라서 모발의 상태와 디자인 의도에 따라 백콤의 테크닉을 합리적으로 사용해야 한다. 이러한 백콤은 부풀림과 더불어 곡선(curve)을 만들며 머리다발의 펼쳐짐, 가벼운 움직임, 면의 연결, 토대, 핀 고정 등의 목적에 따라 사용된다. 또한 모량, 각도, 위치, 모발을 쥐는 왼손의 위치 등에 따라 다양한 변화를 줄 수 있다.

[자연모발 형태]

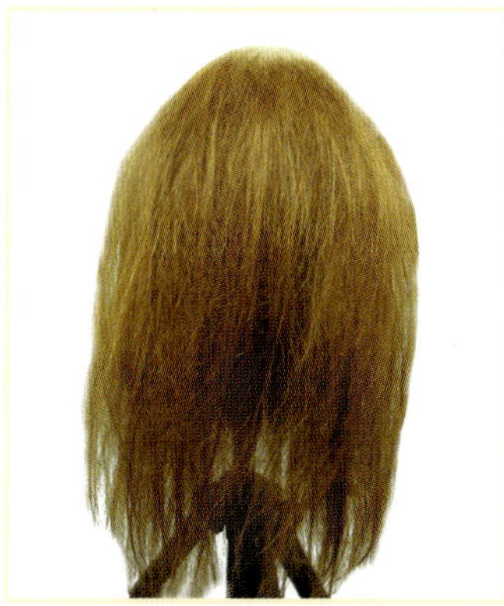

[백콤처리 후의 형태]

② 백콤의 방법

기본적으로 머리다발을 안쪽, 중간, 끝으로 3등분해서 각각의 부분의 효과를 생각하면서 백콤을 하는 방법이다.

a. 부풀음, 두께, 크기의 변화

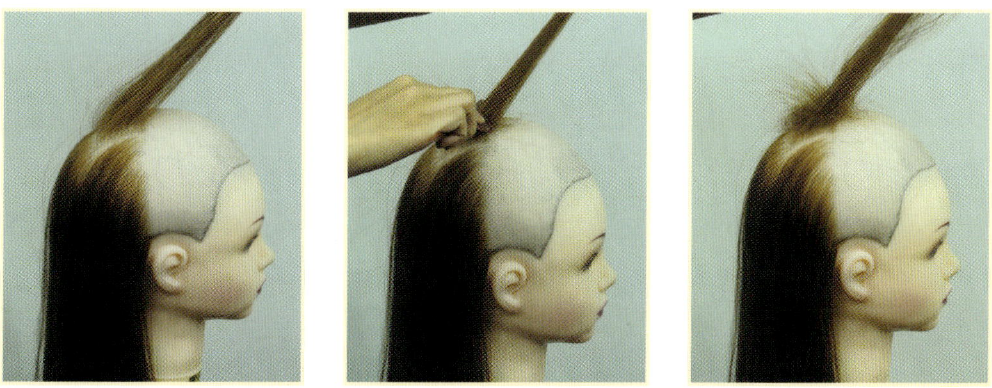

b. 모발 다발의 표면, 뉘앙스의 변화

c. 모발다발의 방향변화(무브먼트)

d. 모량의 분량

백콤은 일정한 양의 패널을 뜨는 일부터 시작한다. 디자인 의도에 따라 다르지만, 볼륨위주의 일반적인 백콤 방법은 베이스의 폭은 2~3cm 정도, 스트랜드의 각도는 90도~135도로 잡으며 첫 번째 백콤은 베이스로부터 3~4cm 떨어진 곳에서 시작하여 빗살을 모근 깊이 밀어 넣어 모근부분에 보풀림(엉킴)이 생기도록 한다.

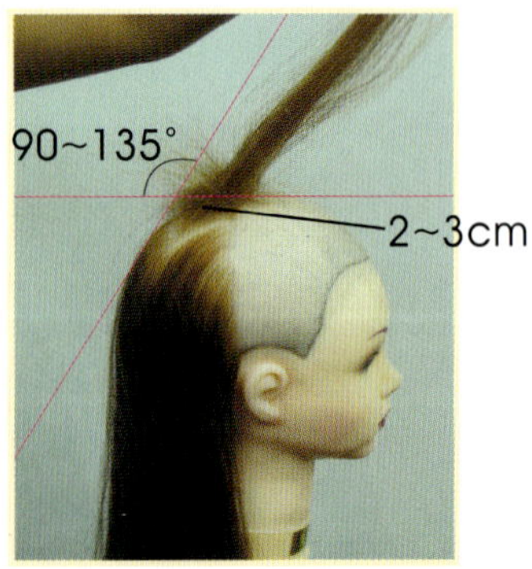

e. 뜨는 길이

검지 손가락과 중지 손가락으로 견고하게 잡을 수 있는 폭으로 하며 보통 6~7cm가 이상적이다. 아울러 각각 작업한 파팅 끼리의 분열을 방지하기 위해 베이스를 지그재그로 뜨는 것이 효과적이다.

f. 잡는 방향

디자인 의도에 따라, 볼륨인지 표면의 움직임인지를 계산하여 방향을 설정하여야 한다. 볼륨감의 경우는 90도에서부터 135도의 각도, 가벼운 움직임은 60도에서부터 90도까지의 각도, 두피에 살짝 붙는 매끈한 머리 면을 연출하기 위해서는 45도 이하로 머리다발을 눕혀서 백콤 한다.

g. 머리다발을 쥐는 방법

백콤에 있어서 머리다발을 쥐는 일은 중요한 과정으로 쥐는 방법에 따라서 여러 가지 다른 효과가 나타난다.

움직임과 퍼짐을 원하면 베이스의 길이에 맞추어 쥐고 백콤을 하고, 볼륨감을 원하면 검지와 중지로 잡은 판넬을 엄지와 검지로 약간 눌러 강하게 잡고 탄탄하게 설 수 있는 백콤을 한다. 방향감을 주기 위해서는 미리 방향을 설정하여 설정한 방향대로 판넬을 움직이면서 약간 풀어주면서 쥐듯이 잡는다. 판넬의 끝부분은 작은 운동감을 보여주기 때문에 아주 적게 백콤을 해야 하므로 판넬을 살짝 쥐듯이 잡는다.

(8) 핀 (pin)

핀의 선택과 처리는 업스타일의 중요한 부분이다. 스타일의 고정을 위해 필요하며, 디자인에 따라 고정 기법을 선택하여 사용한다.

① 핀의 종류

a. 핀 (Bobby pin)

실핀은 그 자체만으로 머리카락을 고정시킬 수 있는 기능을 가지고 있다. 사용 목적에 따라 미끄러지듯 자연스럽게 꽂을 수 있고, 탄탄한 고정을 위하여 머리카락을 꿰매는 것처럼 고정할 수도 있다.

b. 유핀(U pin)

면과 면을 연결시킨다든지 또는 가벼운 지지력을 위해 머리면의 안쪽으로 집어넣을 때 쓰는 핀으로써 사용빈도가 높다.

② 핀의 고정 방법

a. 수직 고정법

긴 머리나 숱이 많은 머리의 경우 롤을 만들면 크기와 무게가 커져 늘어지므로 헤어핀을 머릿결에 대해 수직으로 고정하고 난 후 남는 머리를 처리하는 고정법이다.

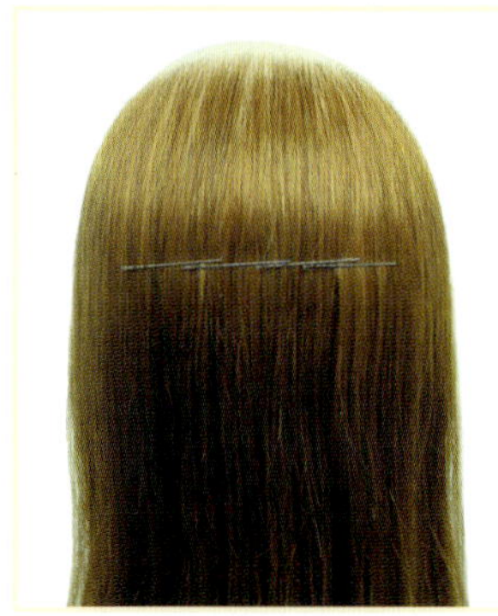

b. 수평 고정법

중력방향으로 모발을 늘어뜨린 후 역으로 말아 올릴 때 사용되는 고정법이다. 두상의 곡면에 적합한 핀을 사용하여 모발을 말아 올릴 때 균열감이 생기지 않도록 서로 겹쳐가며 고정한다.

c. 감추기 고정법

1개의 핀으로 스트랜드를 꿰매듯이 고정하는 방법이다.

큰 롤을 말아 갈 때 고정시키거나 핀의 모양을 보이지 않게 고정시킬 때 사용하는 방법이다.

d. 십자형(+) 고정법

핀 한 개를 머릿결과 직각으로 먼저 꽂은 다음 다른 한 개의 핀을 십자형으로 꽂아 단단하게 고정시키는 방법이다.

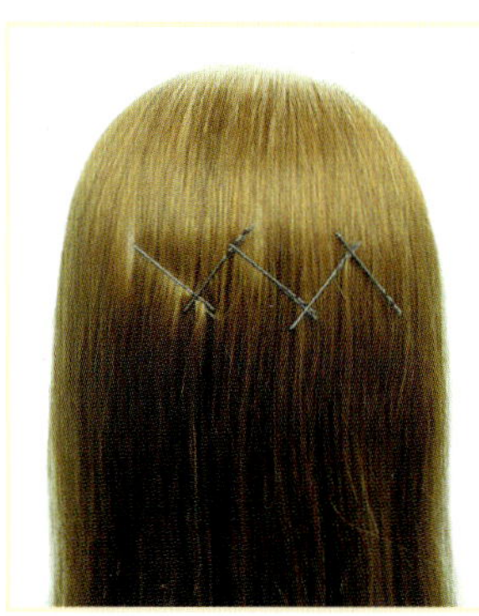

e. W자형 고정법

몇 개의 실핀을 사선으로 반복하여 고정하는 방법으로 모량이 많은 모발을 고정시키거나 고정력이 약한 모발에 토대를 만들어 줄 수 있다 .

2) 기술요소 (디자인 기법)

(1) 땋기 (braids)

땋기는 세 가닥 이상의 머리가닥을 교차와 꼬기를 반복하여 엮는 형태이다. 심플하면서도 오밀조밀한 디자인 형태를 보여주는 땋기는 세 가닥 기본 땋기부터 여러 가닥 땋기까지 다양하게 응용할 수 있다.

① 세 가닥 위로 땋기

기본 땋기로 바깥가닥이 교대로 가운데 가닥위로 겹쳐서 모양을 만들어 낸다.

1 모발을 균등하게 세 갈래로 나눈다.
2 가운데 가닥을 기준으로 좌·우 머리가 규칙적으로 위로 올라간다.
3 동작을 반복하여 진행한다.

② 세 가닥 아래로 땋기

이 땋기는 바깥가닥이 교대로 가운데 가닥 아래로 겹쳐진다. 이 기법을 이용했을 경우에는 땋은 가닥이 겉으로 돌출된다.

1 모발을 균등하게 세 갈래로 나눈다.
2 좌측 가닥을 가운데 가닥 아래로 교차시킨다.
3 우측 가닥을 가운데 가닥 아래쪽으로 교차시켜 반복 진행한다.

(2) 꼬기 (twists)

꼬기는 한 가닥 또는 두, 세 가닥의 머리를 돌려 말아 밧줄 같은 모양을 만들어내는 디자인 기법이다.

① 한 가닥 꼬기

한 가닥 꼬기는 한 가닥의 모발을 시계방향(오른쪽), 혹은 반시계 방향(왼쪽)으로 비트는 방법이다. 밧줄처럼 감기는 효과를 주기 위해서, 머리가닥을 탄탄하게 꼬아 준다.

1 모발을 중심에서 하나로 묶어 반시계 방향으로 트위스트 한다.
2 꼬아진 모발의 중심을 틀어지지 않도록 잡아서 꼬은 방향으로 크게 돌린다.

3 트위스트된 모발 결은 일정해야 하며, 단단한 꼬임을 위해 한번 씩 크게 돌려 준다.
4 트위스트된 모발을 같은 방향으로 돌려 중심에서 실핀으로 고정시킨다.

② 두 가닥 꼬기

모발을 두 가닥으로 나누어 잡고 양손의 모발가닥이 서로 번갈아 위로 올라오며 꼬아지게 하는 기법이다.

1 모발을 2가닥으로 분리한다.
2 손바닥이 보이는 상태에서 손목을 돌려 머리를 트위스트 한다.

3 같은 손동작으로 균일한 꼬임이 나오도록 주의하며 반복하여 꼬는 방향으로 모발을 돌린다.
4 실핀으로 감추기 고정한다.

③ 여러 가닥 꼬기

하나의 포니테일을 여러 가닥으로 등분하여 한 방향으로 꼬기한 후 두상에 밀착시켜 디자인하는 방법이다. 볼륨감을 주기 위해 탑을 쌓듯이 형태를 만들어 나가는 것에 주의한다.

1 머리카락 전체를 G.P 지점으로 모아서 묶어 머리가닥을 소량씩 나누어 오른쪽 방향으로 꼬아준다.
2 꼬아주기를 한 상태에서 그대로 두상 위에 밀착시켜 모양을 잡아 고정시킨다.

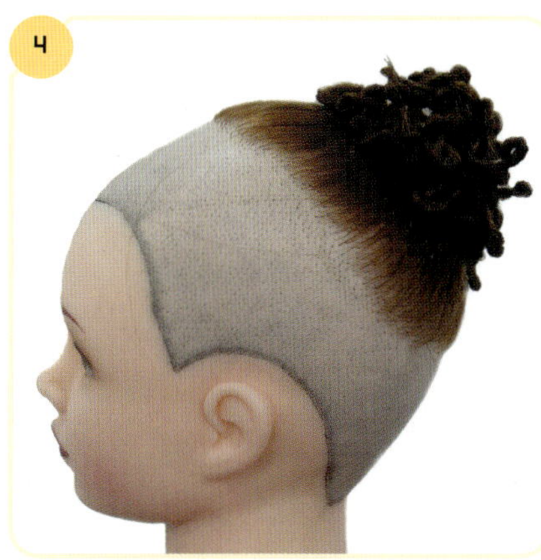

3 같은 방법으로 토대주위를 돌아가면서 반복 작업한다.
4 포니테일의 정중앙에 볼륨을 최대화시켜 마무리한다.

(3) 겹치기 (overlap)

두 개의 머리가닥을 반대쪽으로 교차해서 십자 모양의 문양 효과를 얻는 것으로 섹션의 크기나 양, 위치에 따라 형태의 변화를 다양하게 유도할 수 있다.

① 아래로 겹치기 (→ 두 가닥 아랫방향으로 겹치기)

두 가닥의 머리가 교대로 다른 가닥의 위로 겹치며, 아랫방향으로 진행하는 디자인이다.

1-1, 1-2 둥글게 파팅한 모발을 2등분하여 왼쪽 가닥을 오른쪽 가닥 위로 겹친다.

2-1, 2-2 좌 우 섹션이 교차되면서 겹쳐지도록 한다.

3-1, 3-2 두상 곡면에서 들뜨지 않도록 아래로 빠지는 머리가닥을 두피에 밀착시켜주면서 작업한다.

4 네이프에서 남는 모발까지 좌 우 가닥을 가져 오면서 끝까지 겹쳐 준다.

② 위로 겹치기 (두 가닥 윗 방향으로 겹치기)

머리가닥을 교대로 다른 가닥의 위로 겹쳐주며 윗 방향으로 진행해 가는 방법이다. 여기에서는 원뿔형의 모양을 위해 크라운에 토대를 하여 그 둘레에 겹쳐 둘러주는 방법을 이용하였다.

1-1, 1-2, 1-3 크라운에 트위스트 기법으로 토대를 만든다.

2-1, 2-2, 2-3 네이프를 사다리꼴로 파팅하여 왼쪽부터 반대편을 향하여 겹쳐준 다음 토대 주위를 감싸면서 모발을 두상에 밀착시킨다.

3-1, 3-2 네이프 모발까지 좌·우를 교대로 겹쳐주며 토대주위를 편편하게 감싸듯 돌려준다.
4 목선을 따라 들뜸이 없는 겹침을 볼 수 있다.

5-1, 5-2 앞머리는 정중앙으로 나눠서 반대편으로 교차시킨다. 두상 따라 매끈하게 겹쳐지도록 한다.

6-1, 6-2 사이드 모발도 토대 위를 감싸며 고정시킨다.

(4) 매듭 (knots)

매듭은 머리가닥을 묶어서 사슬모양의 디자인 효과를 나타내거나, 묶어진 매듭을 토대로 원하는 스타일을 다양하게 표현할 수 있다. 또한 매듭의 크기와 위치에 따라 변화를 줄 수 있다.

① 한 줄 매듭

한 줄 매듭은 한 가닥으로 원형을 만든 후 머리가닥의 끝을 가운데로 넣어 뺌으로써 만들어진다. 여기에서는 포니테일을 세 가닥으로 나누어 수직으로 길게 매듭하여 형태를 만드는 디자인을 보여준다.

1-1 포니테일을 3개로 구분한다.
1-2 매듭을 만들기 위해 2개의 파팅을 다시 구분한다.

2-1, 2-2 한 가닥을 다른 가닥의 위쪽으로 보내 고리 안에 끼워 매듭을 만든다.

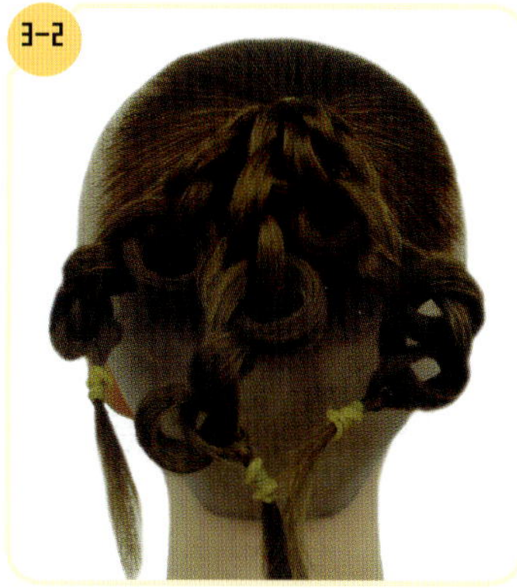

3-1, 3-2 길게 늘어진 매듭의 끝처리는 고무줄을 이용하며, 동일한 방법으로 세 개의 가닥을 모두 매듭한다.

4-1, 4-2, 4-3 한줄 씩 한 방향으로 돌려 모양을 만들면서 고정한다.

② 두 줄 매듭

두 줄 매듭은 상하 두 단으로 나누어 묶기를 한 다음 두 갈래의 머리가닥을 함께 묶어 두상 위에 얹거나 계속 묶기를 반복하여 사슬모양을 만들기도 한다. 다음은 두상 위에 수직으로 두 개의 포니테일을 한 다음 서로 묶어서 디자인하는 기법을 응용하였다.

1-1, 1-2 두상을 수평으로 2등분하여 B.P 부분에 먼저 묶기(포니테일) 한다.

2 G.P 에 또 하나의 포니테일을 한다.
3 두 개의 포니테일을 들어서 먼저 아래 가닥을 위로 돌린다.
4 양손의 머리가닥을 적당히 당겨준다.

5 위로 올라간 모발의 끝부분을 매듭 안으로 넣어 고정한다.
6, 7 아래쪽 남은 모발도 살짝 돌려서 안으로 넣어 고정시킨다.

③ 여러 개의 매듭

여러 개의 머리가닥을 나누어 묶어서 도드라진 질감을 강조해주는 디자인이다. 여기에서는 크라운 주위를 에워싸며 연결해 가는 매듭 디자인을 보여준다.

1 크라운에서 원모양으로 섹션을 한 다음 주변을 가운데 원을 중심으로 총 5등분이 되도록 나눈다.
2 한 개의 매듭을 중앙에 먼저 작업한다.

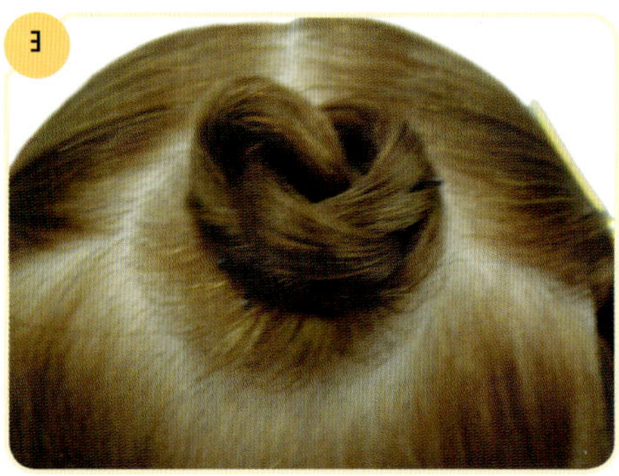

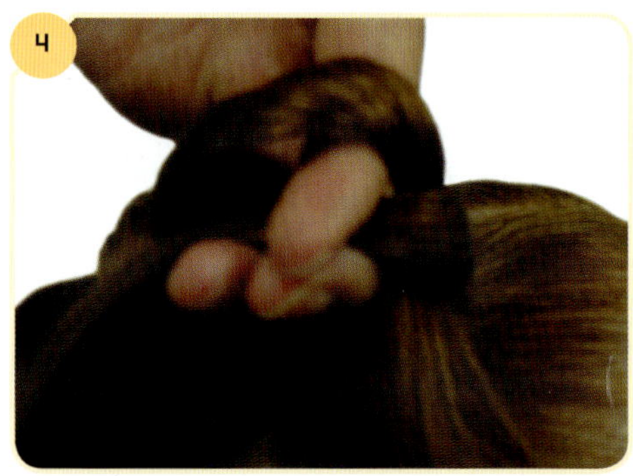

3 섹션의 중심에 매듭이 얹어 지도록 한다.
4 남은 모발도 계속해서 매듭을 지은 다음 두상에 얹어 핀으로 고정한다.

5, 6 매듭의 위치는 파팅선이 보이지 않도록 조절한다.

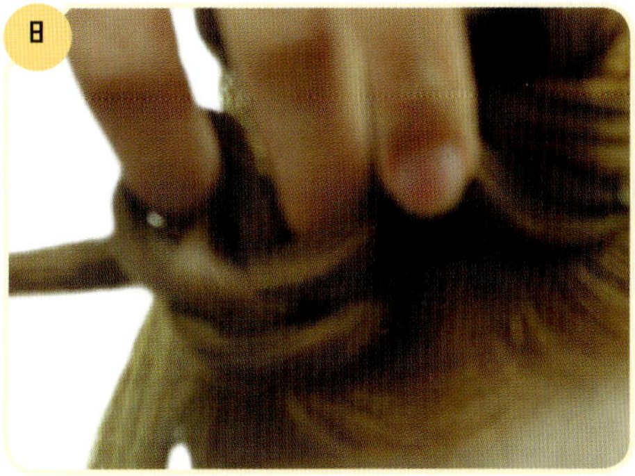

7, 8 마지막 파팅까지 같은 크기를 유지하며 균일한 질감으로 표현하도록 한다.

(5) 고리 (loops)

머리가닥을 접거나 동그랗게 하여 곡선모양으로 고정시켜 만드는 방법으로 고리모양의 변형에 의해 다양한 디자인을 유도할 수 있다. 또한 고리 숫자의 증가에 따라 형태의 확장이나 볼륨감을 조절하여 표현할 수 있다.

① 외고리

외고리는 한 개의 고리를 만들기 위해 모발을 접어 핀으로 고정하는 것이다. 여기에서는 모발 전체를 5등분 한 다음 크게 접어 넣어 꽃 같은 모양을 연출하고자 한다.

1 모발을 잘 빗질하여 G.P에 묶는다.
2 묶은 모발을 네 가닥으로 나눈 다음, 각각에 풍성한 고리 형태를 만들기 위해 손가락을 넣고 돌린다.

3-1, 3-2 핀을 안쪽에서 고정시킨 다음 남은 모발을 고리 안쪽으로 말아 넣어 준다.

4-1, 4-2 고리는 한 방향으로 돌려주고 크라운 주위로 4개의 고리가 만들어 진다.

5-1, 5-2 중앙의 고리를 고정할 때는 토대에 핀을 단단하게 꽂아주며 볼륨을 살려 마무리한다.

② 겹고리

한 개의 섹션으로 두 개의 고리를 만드는 것으로 같은 모양과 방향으로 만들어 지거나 또는 다른 모양과 방향의 혼합으로 형태를 달리 할 수 있다.

1-1, 1-2 크라운에서 묶은 모발을 5가닥으로 등분한다.

2-1, 2-2 첫 번째 가닥을 매끈하게 다듬어 외고리를 만든 후 남은 모발은 내려둔다. 남은 3개의 고리 모두 동일한 방법으로 진행한다.

3 네 개의 고리가 구성되면 균형을 확인 후 중앙의 머리를 제외한 네 갈래의 남은 모발들을 방향을 달리하여 중간 중간에 고리를 만들어 고정시킨다.
4 하나의 섹션에서 겹고리를 완성한 후 남은 모발은 안으로 말아 넣는다.

5-1, 5-2 맨 위쪽 모발 가닥도 첫 번째 고리와 두 번째 고리의 방향을 달리하여 위쪽에 고정시켜 볼륨감을 살린다.

6) 롤 (rolls)

롤은 머리가닥 자체가 안으로 말려 들어가면서 감겨지는 모양을 말한다. 시술 하기 전 머리 길이를 충분히 고려하여 롤이 놓여지는 방향이나 볼륨을 조절해야 한다.

① 수직롤

수직 롤은 중간 정도의 길이와 긴 머리까지 모두 잘 어울리는 디자인이다. 수직형에 따라 네이프에서 시작하여 점차 위로 올라가면서 소라모양의 형태를 만들어 준다.

1-1 눈썹 위 2/3지점 정도에서 T.P지점 까지 삼각형으로 연결하여 앞머리를 등분한다.
1-2 앞머리 섹션을 제외한 모발 전체를 오른쪽으로 빗질한 다음 센터에서 약간 벗어나 헤어핀을 겹치기 방법으로 꽂는다.

2-1, 2-2 네이프부터 대각 라인으로 파팅을 나눠 핀 위쪽으로 모발을 말아 고정시키면서 올라간다.

3-1, 3-2 두 번째 파팅도 대각으로 나누어 핀 위쪽으로 롤을 말아 가며 진행한다. 롤의 안쪽을 먼저 고정하고 남는 머리는 손가락에 말아 안쪽으로 고정한다.

4-1, 4-2 대각으로 파팅을 나누는 이유는 갈라짐이 생기지 않기 위함이다. 머릿결이 곱게 연결될 수 있도록 진행한다.

5-1, 5-2 옆머리까지 곱게 빗어 롤의 마지막 부분을 잘 감싼다.

6-1, 6-2 앞머리는 긴 길이를 살려서 롤을 감싸면서 마무리한다.

7 롤이 겹쳐진 부분에는 U핀으로 고정해준다.

② 윤곽 롤

윤곽 롤은 헤어라인과 두상의 곡면을 따라 이동해 가면서 길게 원통형의 모양을 만들어 가는 디자인이다. 모발양이나 위치 조절에 따라 다양하게 응용되어 질 수 있다. 여기에서는 네이프 라인에서 이어지는 윤곽 롤을 응용하였다.

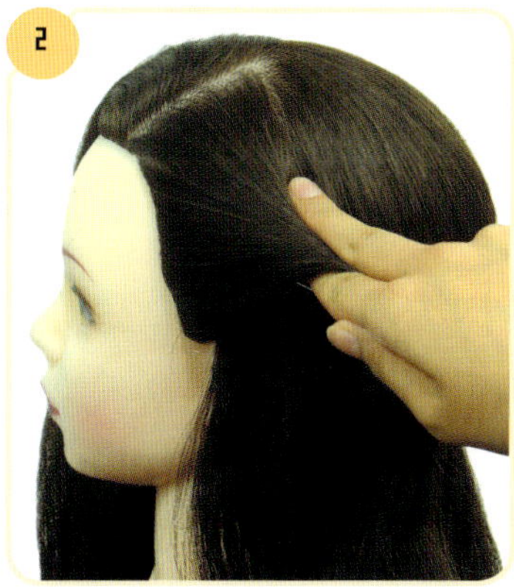

1 원통형의 롤이 만들어질 두상의 둘레를 핀으로 둥글게 꽂아 고정한다.
2, 3 첫 파팅을 전대각으로 떠서 검지와 중지를 이용해 롤을 만 다음 핀으로 고정한다.

4-1, 4-2 남은 모발의 끝자락은 손가락에 말아 롤 안으로 고정시켜 준다.

5-1, 5-2 같은 방법으로 끝머리를 감춰주며 롤을 만들어 나간다.

6-1, 6-2 미리 꽂아둔 헤어핀은 윤곽 롤의 위치를 정하는 역할을 한다.

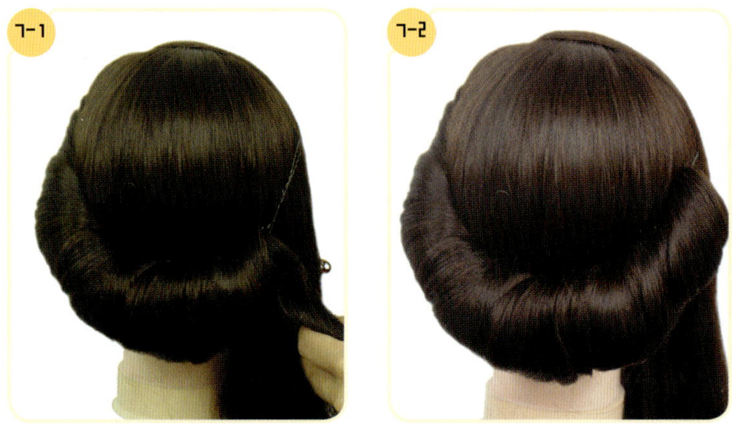

7-1, 7-2 매끈하고 풍성한 롤로 핀 위치를 따라 라운드 형태를 만든다.

8-1, 8-2 시작점의 반대편에서 롤을 마무리하며 앞머리는 길이에 따라 조절할 수 있다.

9-1, 9-2 본 내용에서는 긴 앞머리까지 하나의 롤로 연결하는 디자인을 보여준다.

part 02

실용 업스타일

1. Medium hair downstyle

1) 작품 1

컬의 형태 : C컬
방향 : 사선, 수직
질감 : 매끈
기법 : 트위스트, 루프
기타 : 전체적으로 자연스러운 C컬 응용

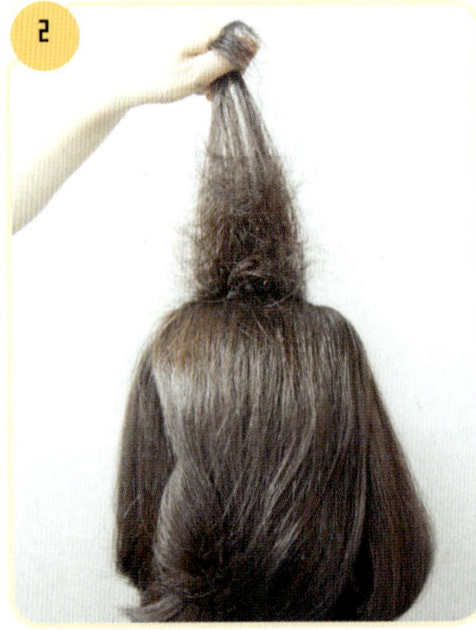

1 크라운 지역에 역삼각형으로 섹션을 나눈다.
2, 3 역삼각형 섹션은 탑에서부터 수평파팅을 떠서 백콤을 넣는다.

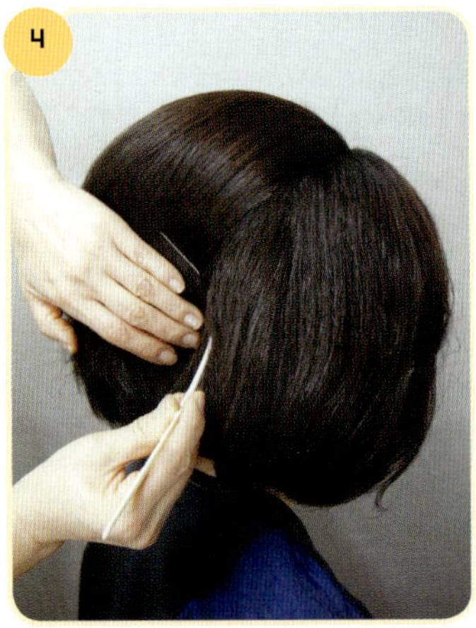

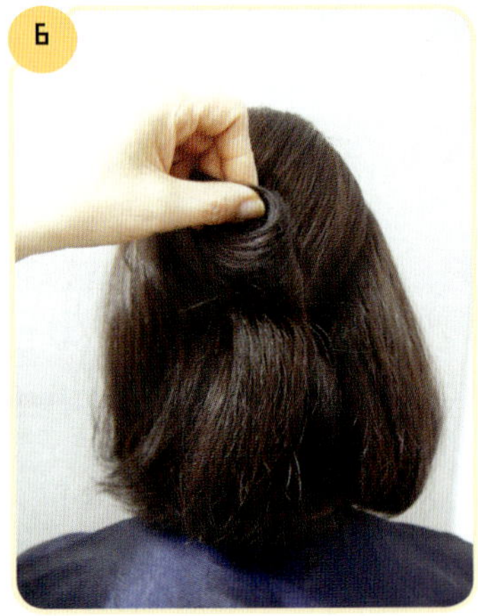

4, 5 백콤을 넣은 부분의 겉 표면을 매끈하게 빗고 실핀으로 고정한다.
6 센터에 모아진 모발의 윗부분을 수평으로 나누고 동그란 형태로 고정한다.

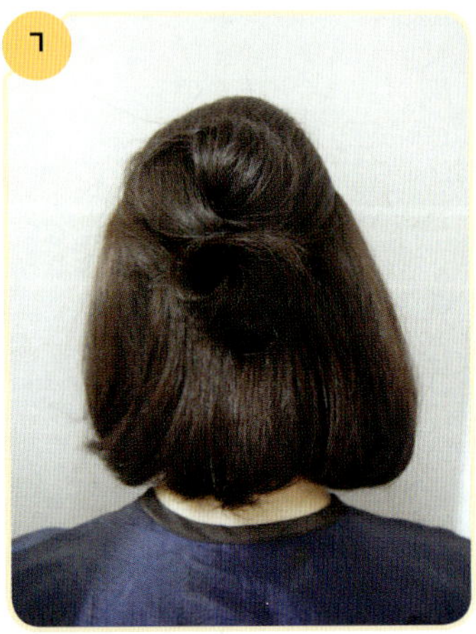

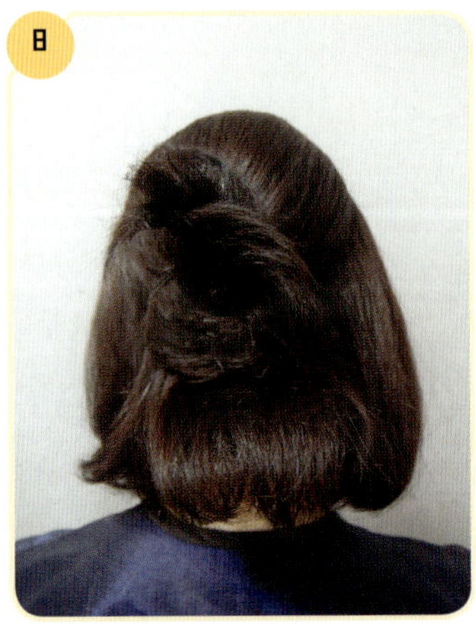

7 나머지 모발을 매끈하게 빗질하여 동그란 형태로 고정한다.
8, 9 백네이프의 모발을 백콤을 넣고 곱게 빗어 수평 롤 형태로 고정한다.

10 끝머리를 곱게 정리한다.
11 이어 탑을 중심으로 사선으로 파팅을 나눈다.
12 백콤을 넣는다.

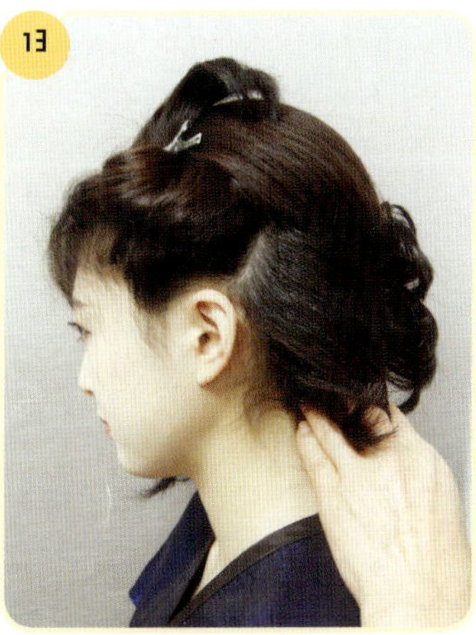

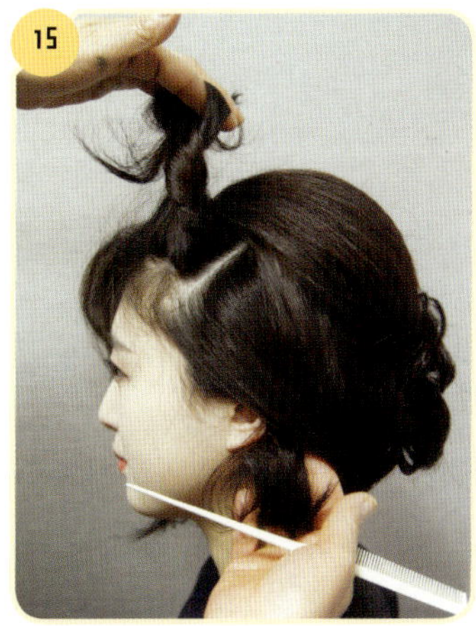

13, 14 센터 쪽으로 트위스트하여 모발을 고정한다.
15 리세션 지역에서 사선으로 파팅을 나눈다.

16, 17, 18. 19 두 번째 파팅의 모발도 백콤을 넣고 센터 쪽으로 트위스트하여 고정한다.
20, 21 마지막 섹션도 트위스트하여 고정한다.

22 사이드의 완성된 모습이다.

23

24

25
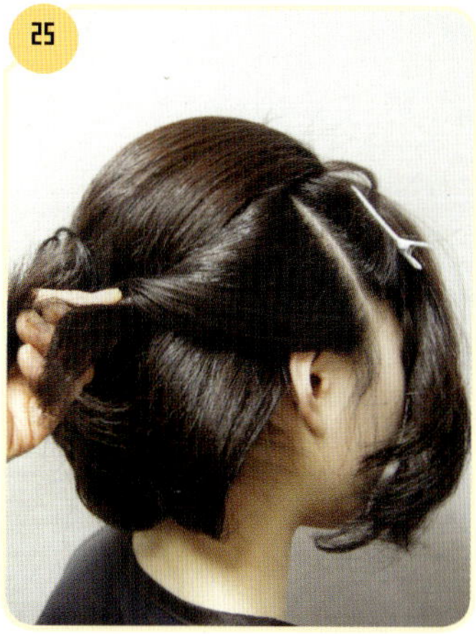
26

27
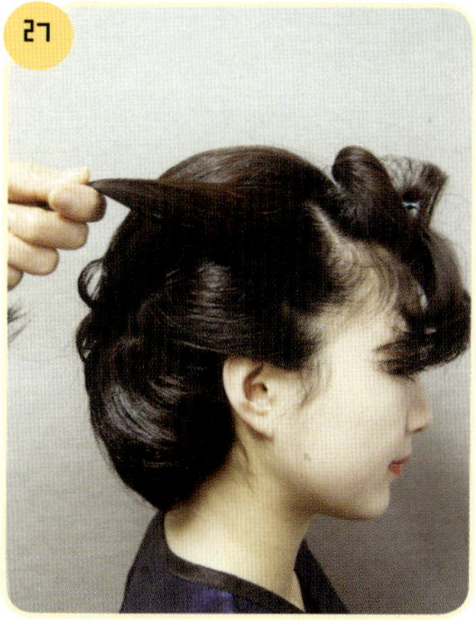
28

29

23, 24, 25, 26, 27, 28, 29
반대쪽 사이드도 같은 방법으로 반복하여 작업한다.

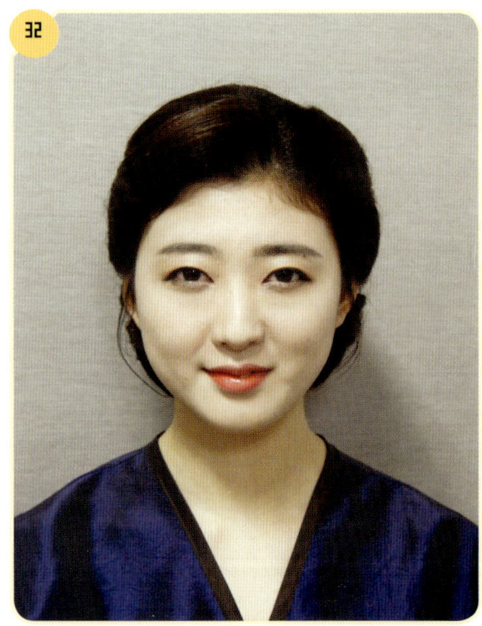

30 사이드의 완성된 모습이다.

31, 32 앞머리를 볼륨감있게 표현하여 마무리한다.

2) 작품 2

컬의 형태 : C컬
방향 : 사선, 수직
질감 : 매끈, 울퉁불퉁
기법 : 꼬기
기타 : 사이드와 네이프에 망을 사용하여 C컬 형성

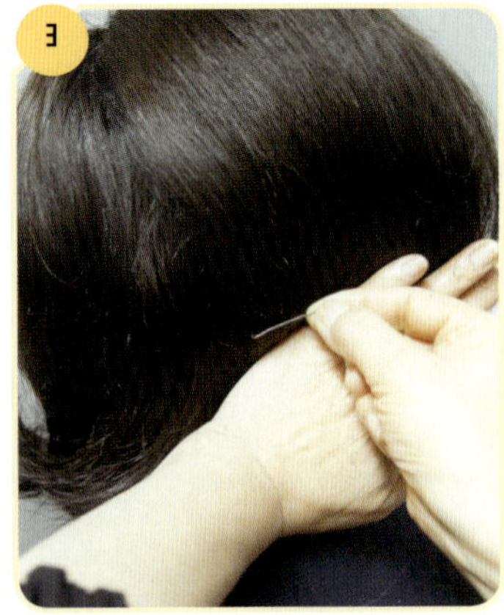

1 섹션을 나눈다.
2 전체적으로 백콤을 넣는다.
3 겉 표면을 매끈하게 빗질하고 볼륨감을 유지하면서 실핀으로 양쪽 사이드를 고정하여 토대를 완성한다.

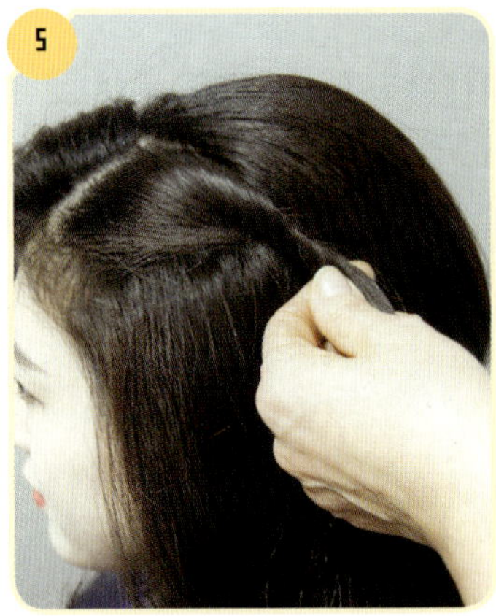

4 센터에 모아진 모발의 겉면을 잡고 트위스트하여 볼륨감을 형성한다.
5, 6 사이드를 3등분하여 싱글 트위스트한다.

7, 8 같은 방법으로 싱글 트위스트하여 토대 옆에 고정한다.
9 싱글 트위스트하여 사이드를 완성한 모습이다.

10 네이프의 모발을 전체적으로 백콤처리한다.
11 반대쪽 사이드도 싱글트위스트하여 토대옆에 고정한다.
12 네이프의 모발을 전체적으로 백콤처리한다.

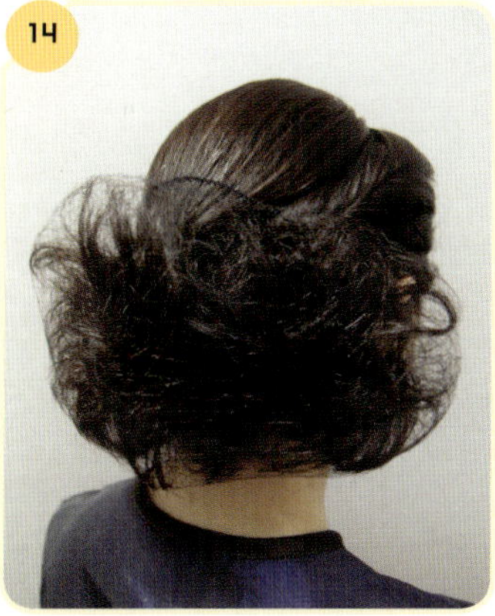

13, 14 백콤처리한 부분에 망을 씌운다.

15, 16 센터에서부터 자연스럽게 S모양을 만들어주면서 실핀으로 고정한다.
17 트위스트부분과 자연스럽게 연결되도록 실핀으로 고정하여 S흐름을 만들어 준다.
18 완성된 모습이다.

3) 작품 3

컬의 형태 : C컬, SS컬
방향 : 사선, 수직
질감 : 울퉁불퉁
기법 : 트위스트
기타 : 백을 중심으로 C컬과 SS컬 형성, 사이드와 탑은 SS컬형태 유지

1 크레스트 지역을 중심으로 섹션을 나눈다.
2 크레스트 아래부분을 전체적으로 백콤처리한다.
3 센터쪽으로 모발을 모아서 실핀으로 고정한다.

4 왼쪽의 모발도 센터쪽으로 모아서 트위스트한 다음 실핀으로 고정한다.
5 망을 씌운다.
6 수평선상의 롤 형태로 마무리한다.

7 트위스트 컬의 형태를 자연스럽게 유지하면서 핀으로 고정한다.
8 컬의 흐름을 차곡차곡 쌓아가듯이 모양을 잡아주면서 마무리한다.
9 앞머리도 같은 흐름으로 고정하여 마무리한다.

4) 작품 4

컬의 형태 : C컬
방향 : 사선, 수직
질감 : 매끈, 울퉁불퉁
기타 : 양쪽 사이드에 백콤 후 망 사용, 두피 가까이 핀을 고정하여 컬의 형태 완성

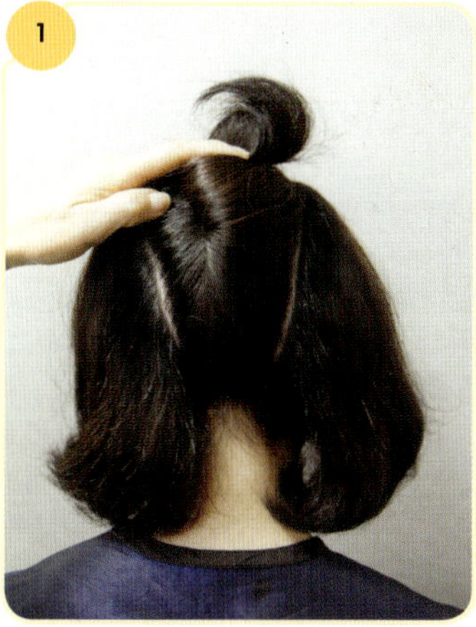
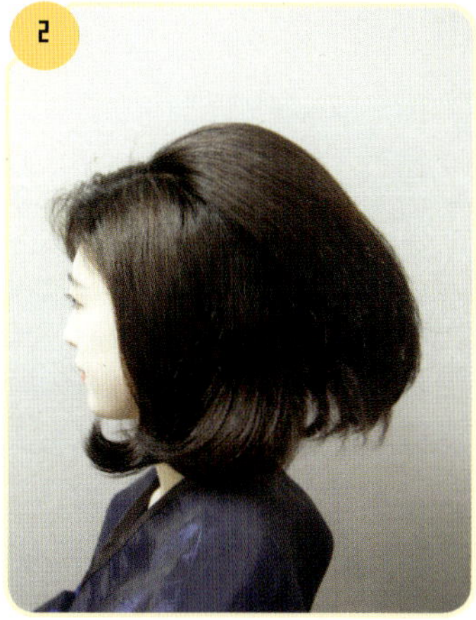
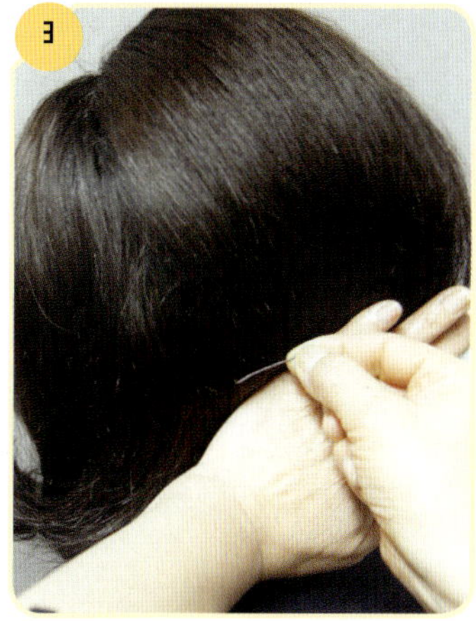

1 사다리형 섹션을 나눈다.
2 후두부에 풍성한 백콤을 넣는다.
3 표면을 매끈하게 빗질하여 실핀으로 고정한다.

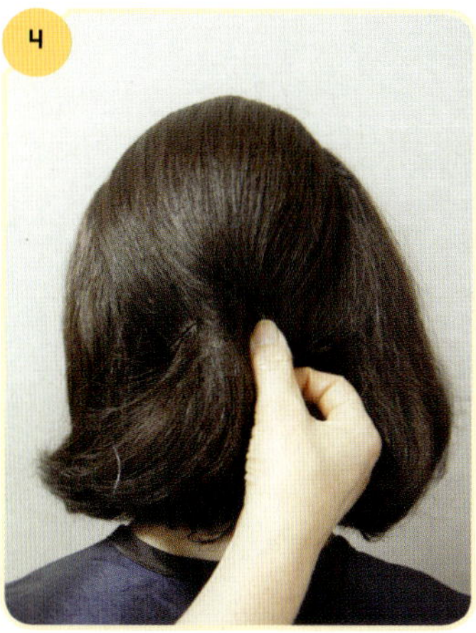
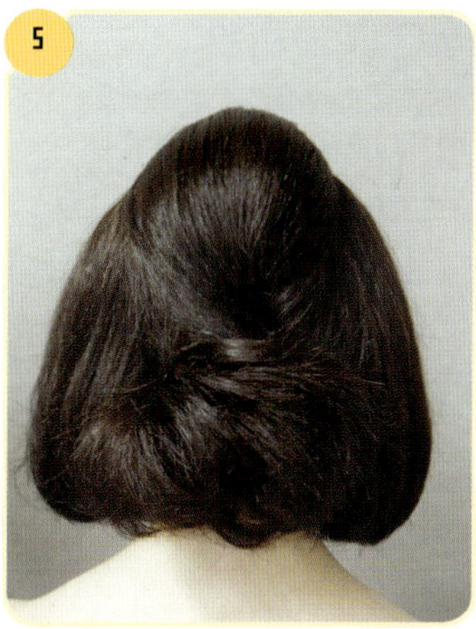
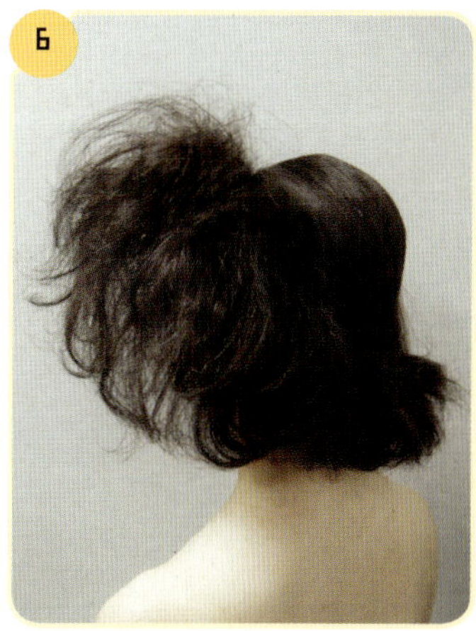

4 볼륨감을 유지하면서 센터의 모발을 트위스트하여 센터에 토대를 완성한다.
5 토대가 완성된 모습이다.
6 사이드와 네이프의 모발에 백콤처리한다.

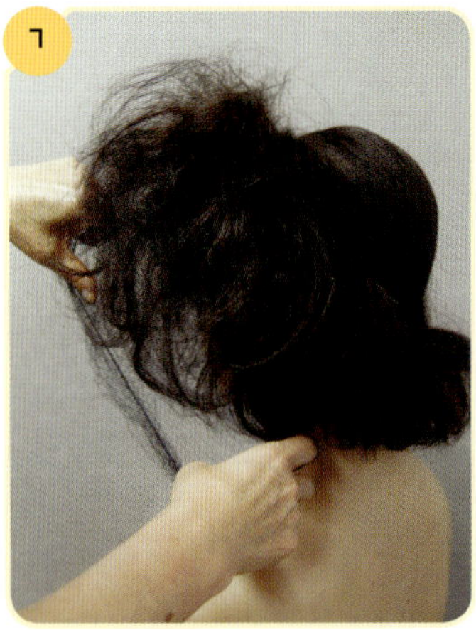

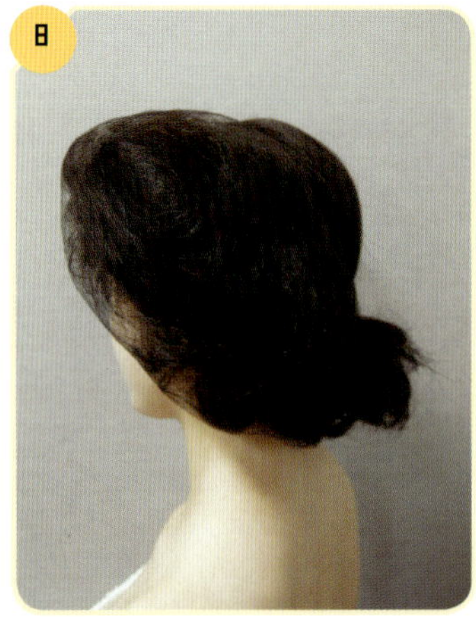

7, 8 망을 씌운다.
9 S의 흐름을 만들어주면서 U핀으로 고정한다.

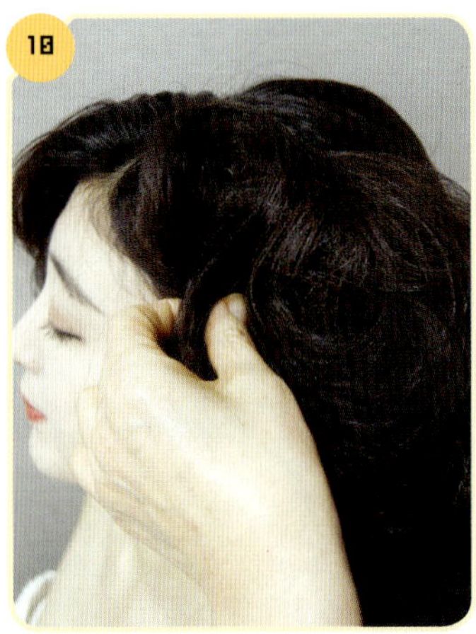

10, 11 전체적으로 자연스러운 흐름을 유지하면서 균형감있게 작업한다.

12, 13, 14 반대쪽 사이드와 네이프도 같은 방법으로 진행한다.

15

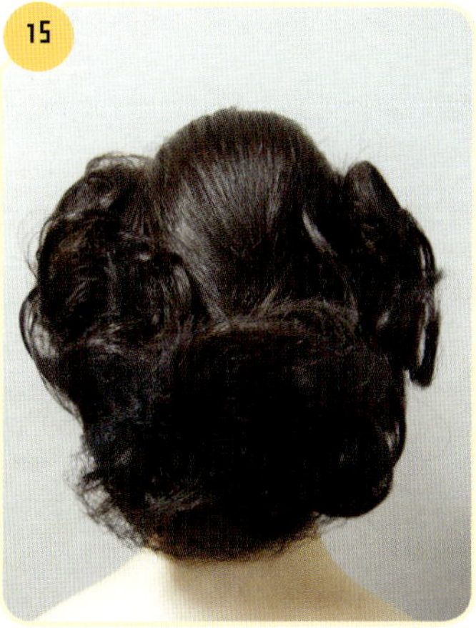

16

15, 16 네이프 센터의 모발도 같은 방법으로 백콤 처리후 망을 씌우고 S흐름을 만들어 주면서 고정한다.

17

18

19

17, 18, 19 앞머리는 백콤 처리하여 볼륨감을 만들어주고 탑으로 연결되도록 마무리한다.

5) 작품 5

컬의 형태 : C컬
방향 : 사선, 수직, 수평
질감 : 매끈
기법 : 트위스트, 롤
기타 : 롤 크기는 손가락 2개 사이즈

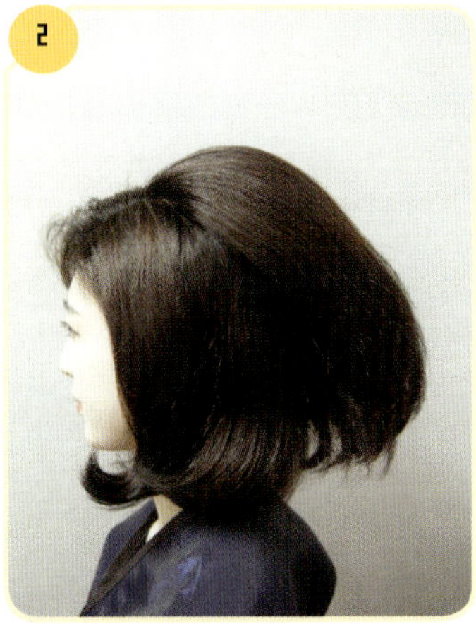

1 사다리형의 섹션을 나눈다.
2 후두부에 풍성한 백콤을 넣는다.

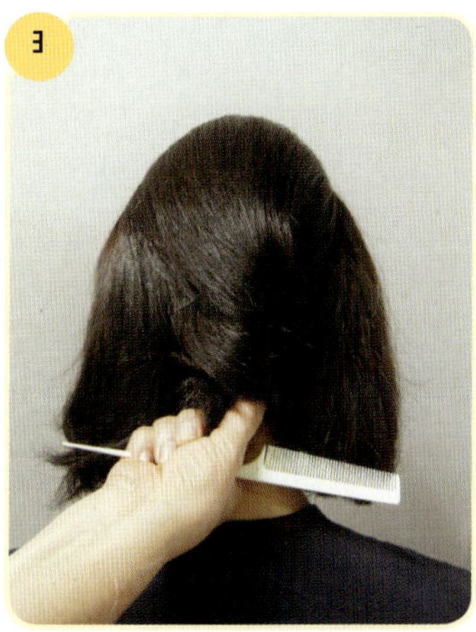

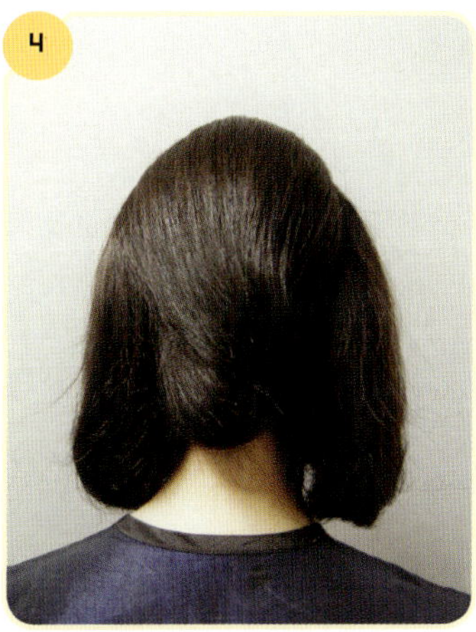

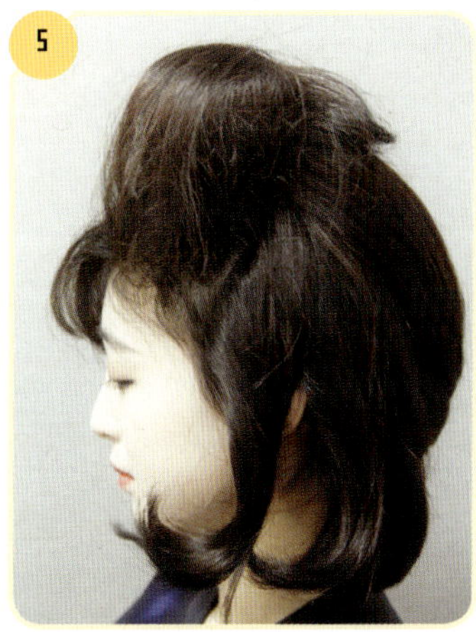

3, 4 매끈하게 빗질하여 네이프에서 트위스트하여 고정한다.
5 사이드에서부터 네이프까지 4등분 한 다음 첫 번째 섹션의 모발은 백콤처리한다.

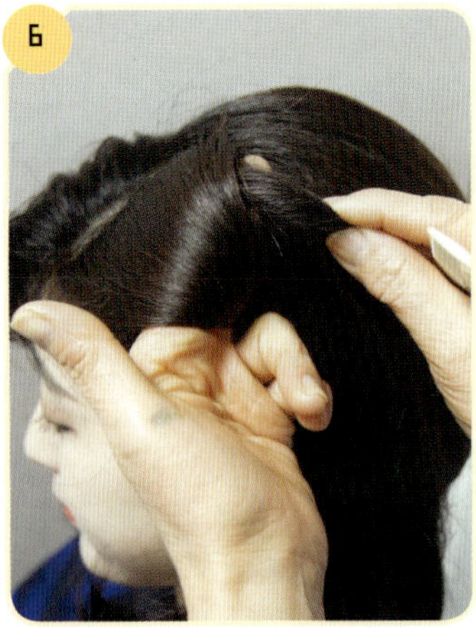

6 손가락에 모발을 감아서 롤의 형태로 만든다.
7 핀을 이용하여 고정한다.
8 두 번째 섹션도 백콤을 넣어 롤의 형태로 마무리한다.

9, 10, 11 같은 방법으로 네이프까지 반복한다.

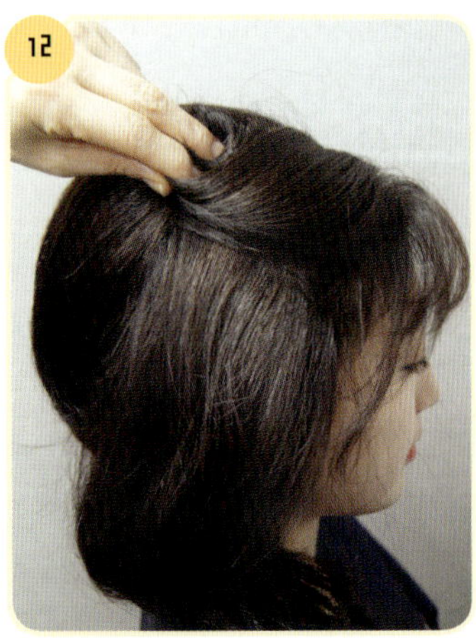

12,13 반대쪽도 같은 방법으로 반복하여 작업한다.

6) 작품 6

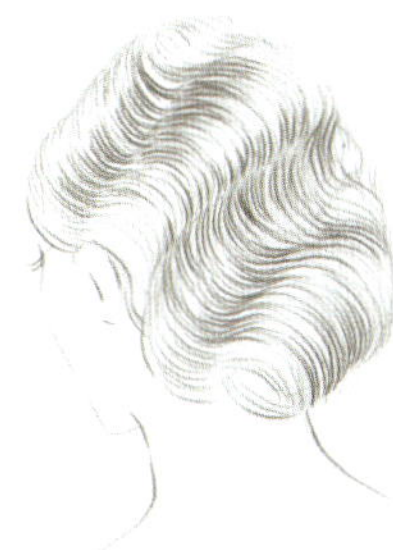

컬의 형태 : C컬, SS컬
방향 : 사선, 수직
질감 : 울퉁불퉁
기타 : 릿지 선명한 물결웨이브

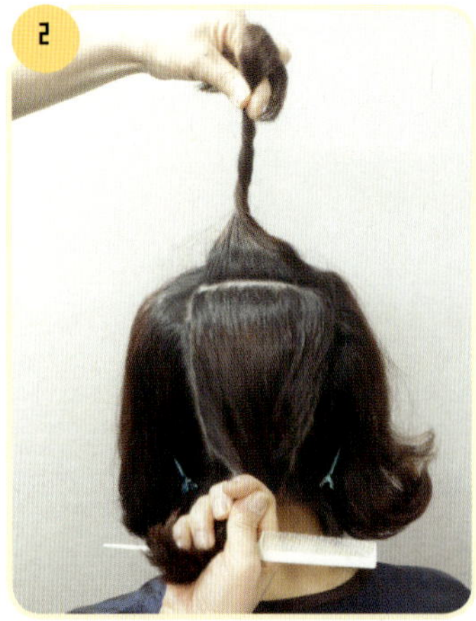
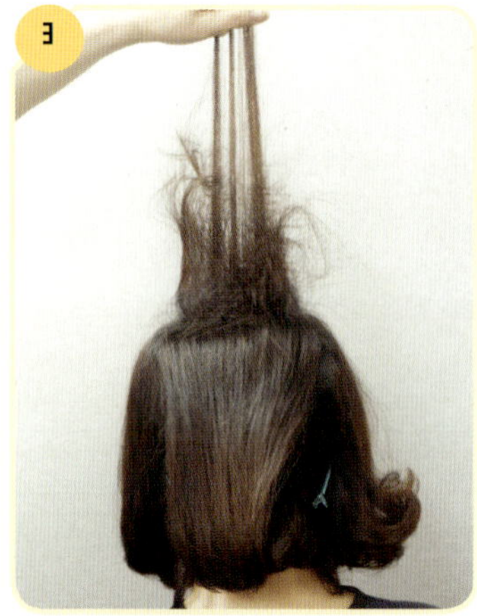

1 사다리형의 섹션을 나눈다.
2 탑에서 수평으로 파팅을 나눈다.
3 베이스에서부터 탄탄하게 백콤을 넣는다.

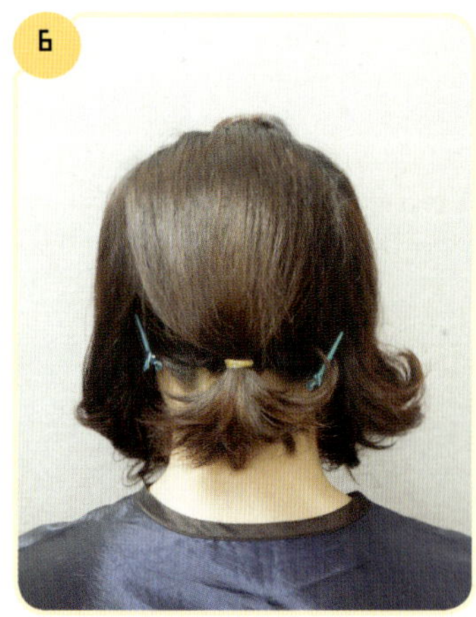

4 전체적으로 백콤을 넣는다.
5 네이프를 향하여 매끈하게 빗질한다.
6 네이프에 고무줄로 고정한다.

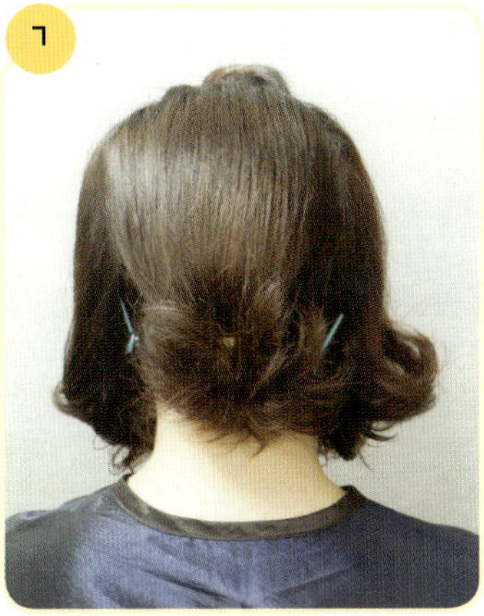

7 포니테일의 모발을 백콤처리한다.
8 망으로 정리하여 둥근형태로 토대를 만든다.
9 사이드를 사선 파팅으로 2등분한다.

10 2등분 후 사이드와 네이프의 모발을 전체적으로 백콤 처리한다.
11 매끈하게 빗질한다.
12 매끈하게 정리된 모발을 센터의 토대 방향으로 빗질하여 고정한다.

13 망을 씌운다.
14 망을 씌운 다음 둥근 형태로 토대를 만들어 준다.
15 반대쪽도 같은 방법으로 2등분 한다.

16 2등분 후 사이드와 네이프의 모발을 전체적으로 백콤처리한다.
17 곱게 빗어서 센터쪽으로 고정한다음 망을 씌워서 토대를 형성한다.
18 아이론을 이용하여 탑의 모발을 와인딩하여 준다.

19 아이론을 이용하여 사이드의 남은 모발을 와인딩한다.
20 반대쪽 사이드와 앞머리도 같은 방법으로 아이론을 이용하여 와인딩한다.
21 탑의 모발을 결을 정리하면서 아이론으로 리지를 잡아가면서 웨이브의 흐름을 만들어 준다.

22 웨이브가 완성되면 탑과 크라운 지역에 매끈하게 정리하여 토대를 향하여 마무리한다.
23 사이드의 모발도 아이론을 사용하여 웨이브의 흐름을 형성하면서 리지를 만들어 준다.
24 U핀을 이용하여 웨이브를 고정한다.

25 백센터에 위치한 웨이브와 사이드의 웨이브의 흐름이 연결될 수 있도록 한다.
26 반대쪽 사이드도 아이론을 이용하여 웨이브의 리지를 잡아준다.
27 U핀을 이용하여 웨이브의 흐름을 고정한다.

28 앞머리의 흐름도 사이드와 연결될 수 있도록 S형태를 만들어 준다.
29 전체적으로 균형감있게 마무리한다.

2. Medium hair upstyle

1) 작품 1

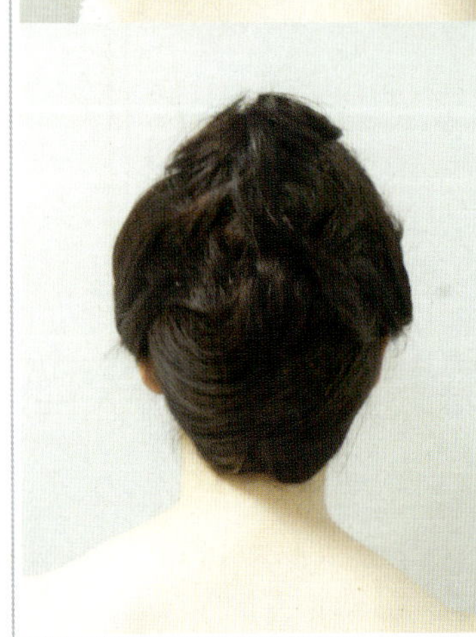

컬의 형태 : C컬, SS컬
방향 : 사선, 수직
질감 : 매끈, 울퉁불퉁
기법 : 트위스트, 겹치기
기타 : 2가닥 트위스트 기법 이용

1 탑을 기준으로 이어 투 이어 섹션을 나누고 크라운지역에 말발굽모양으로 U자형 섹션을 나눈다.
2 U자형 섹션에 전체적으로 백콤을 넣는다.
3 U자형 섹션을 가로로 2등분하여 윗 부분의 모발을 오른쪽으로 회전하여 볼륨감을 형성한다.

4 U자형 섹션의 남의 모발을 왼쪽으로 회전하여 토대를 형성한다.
5 U자형 섹션의 모발을 이용하여 토대를 완성한 모습이다.
6 U자형 섹션과 연결되는 네이프 센터의 모발에 섹션을 나누고 전체적으로 백콤처리한다.

7 네이프 센터의 섹션은 왼쪽으로 회전하여 토대를 형성한다.
8 탑에서부터 네이프까지 센터부분에 토대가 형성된 모습이다.
9 사이드에서 네이프 코너로 연결되는 지역을 이어 백 포인트를 기준으로 나눈다.

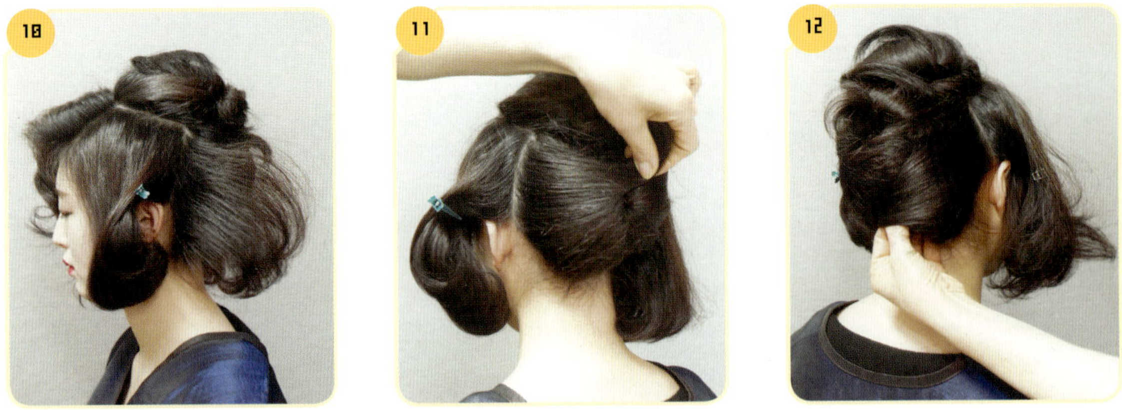

10 네이프 코너의 모발에 전체적으로 백콤 처리한다.
11 곱게 빗어서 센터 방향으로 당겨서 트위스트하여 고정한다.
12 반대쪽 네이프 코너의 모발도 이어백을 기준으로 나누어서 백콤처리 후 센터쪽으로 트위스트하여 고정한다.

13 네이프 코너의 완성된 모습이다.
14 사이드를 세로로 2등분 한다.
15 2가닥 트위스트하여 레이스 형태로 모발을 늘어뜨린다.

16 센터의 토대 위에 트위스트의 흐름이 표현되도록 자연스럽게 고정한다.
17 헤어 라인의 모발도 2가닥 트위스트한다.
18 센터방향으로 트위스트한 모발을 자연스럽게 얹은 모습이다.

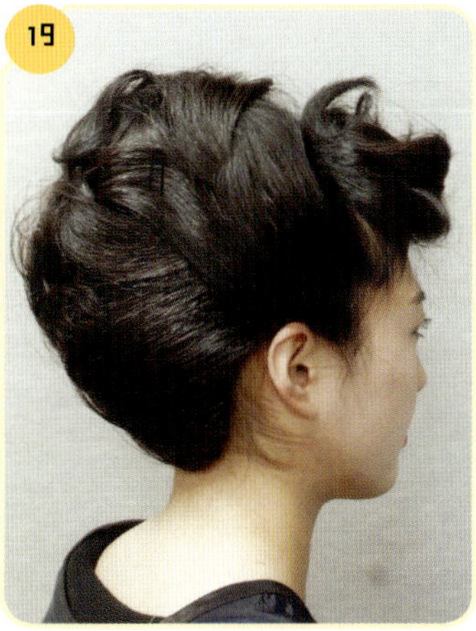

19 반대쪽도 같은 방법으로 마무리한다.
20 앞머리에 전체적으로 백콤처리한다.
21 꼬리빗을 이용하여 볼륨감있는 앞머리를 연출한다.

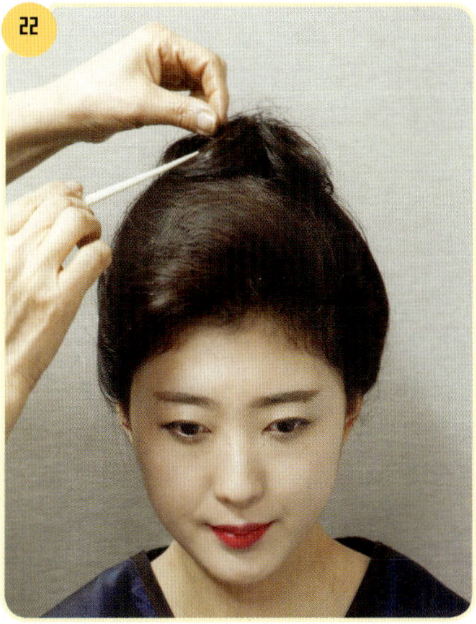
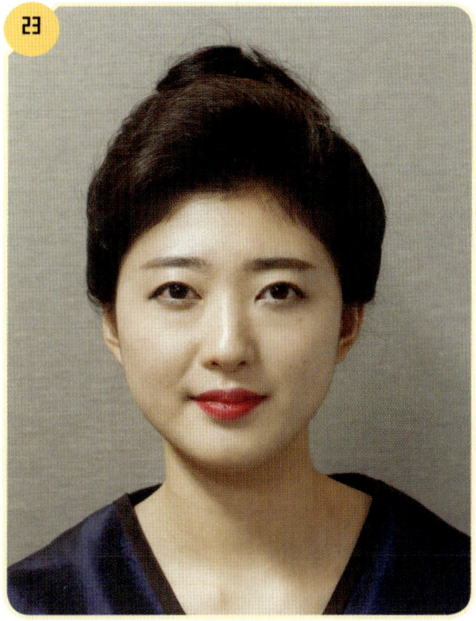

22 앞머리의 끝 모발은 토대와 자연스럽게 연결되도록 마무리한다.
23 전체적으로 균형감있게 마무리한다.

2) 작품 2

컬의 형태 : SS컬
방향 : 사선, 수직
질감 : 울퉁불퉁
기법 : 트위스트
기타 : 13mm 둥근아이론으로 컬 와인딩

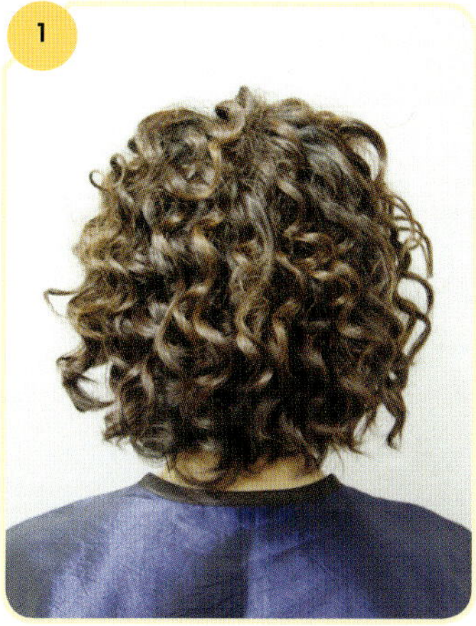

1 13mm 둥근 아이론으로 컬을 만다.
2 크라운 지역에 말발굽모양으로 U자형 섹션을 나눈다.
3 U자형 섹션의 모발을 크라운 부분에 묶는다.

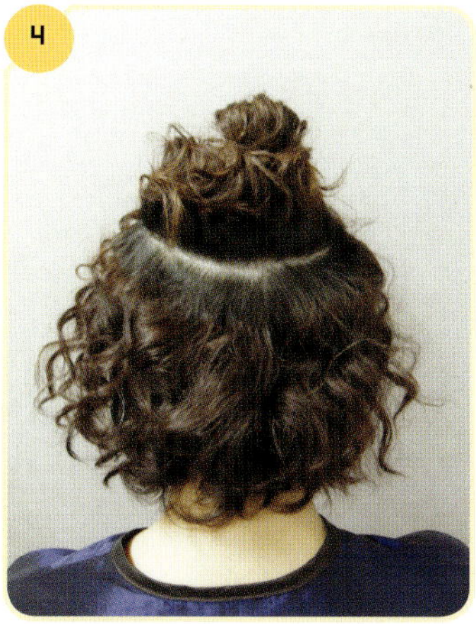

4 묶은 머리다발을 돌려서 토대를 만든 다음 핀으로 고정한다.
5 후두부 왼쪽사이드 부분의 머리 다발을 탑 부분에 롤 형태로 모아서 고정한다.
6 오른쪽 사이드도 같은 방법으로 반복하여 탑 부분에 고정한다.

7 

8 

7 전두부 이어사이드 부분의 머리다발은 꼬는 기법으로 탑 쪽에 연결시킨다.
8 프론트의 머리다발 역시 탑 쪽으로 연결시켜 완성시킨다.

9 

9 완성된 모습이다.

3) 작품 3

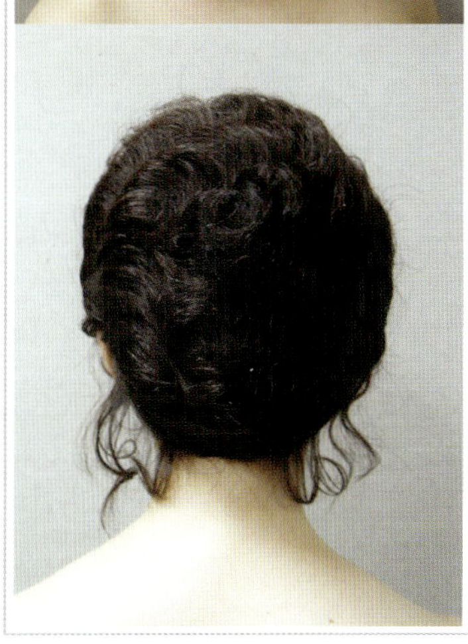

컬의 형태 : SS컬
방향 : 사선, 수직
질감 : 울퉁불퉁
기법 : 트위스트
기타 : SS컬을 자연스럽게 풀어주면서 연결

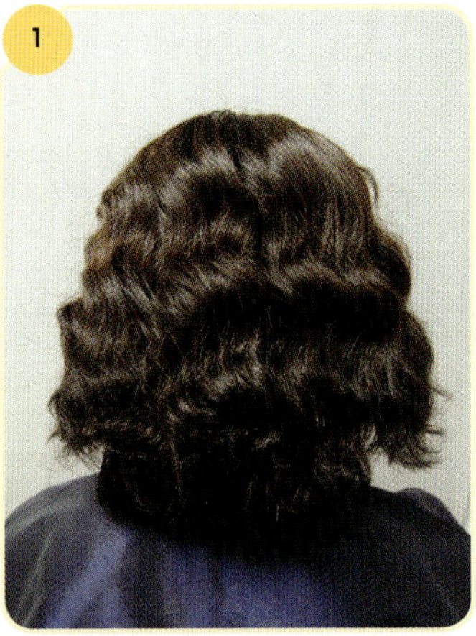

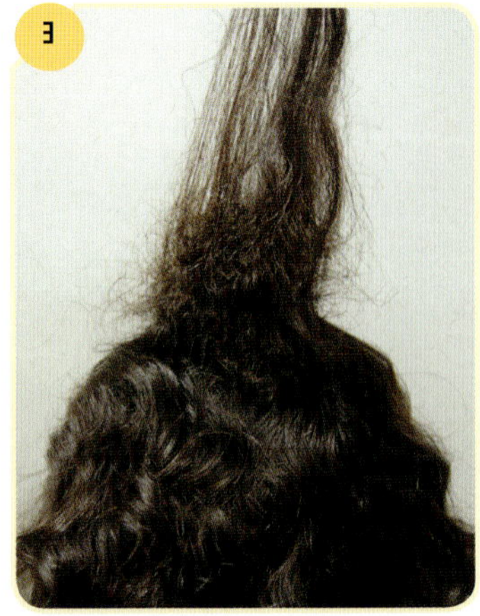

1 아이론을 이용하여 트위스트 컬을 만든다.
2 전두부와 후두부로 나눈다.
3 후두부에 탑 부분부터 백콤을 넣는다.

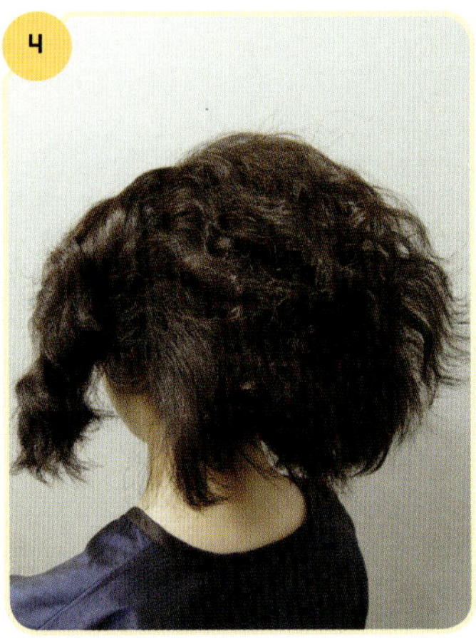
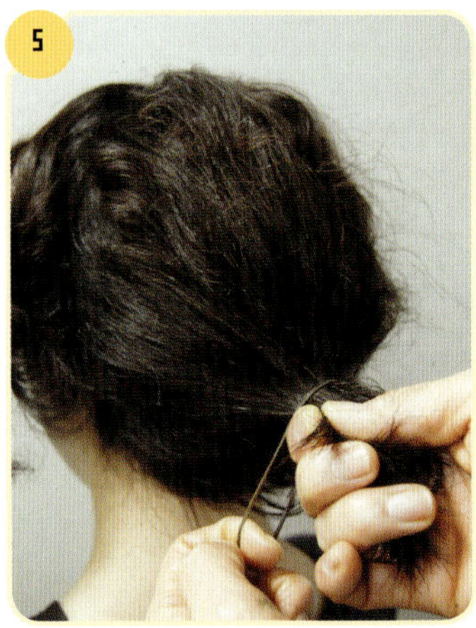
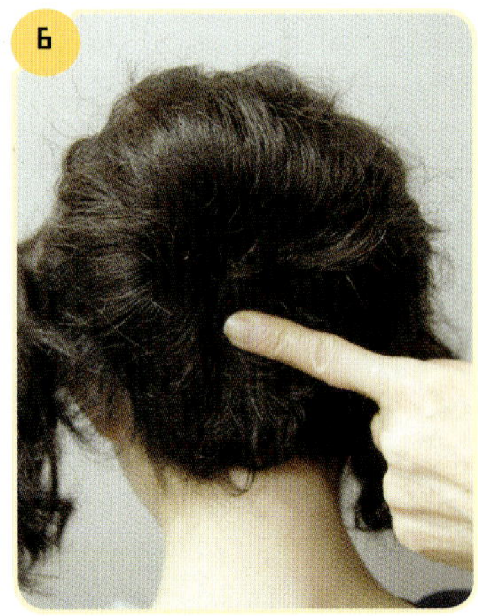

4 후두부에 전체적으로 백콤을 넣은 상태의 모습이다.
5 백콤을 넣은 후두부의 머리를 백 부분에 모아서 고무줄로 묶는다.
6 포니테일을 백 부분에 핀으로 고정한다.

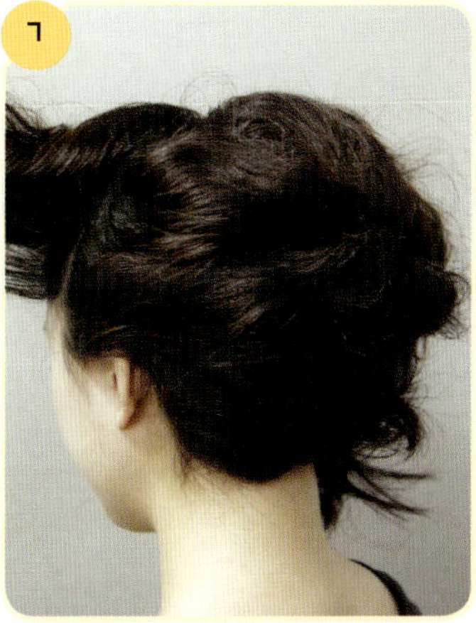

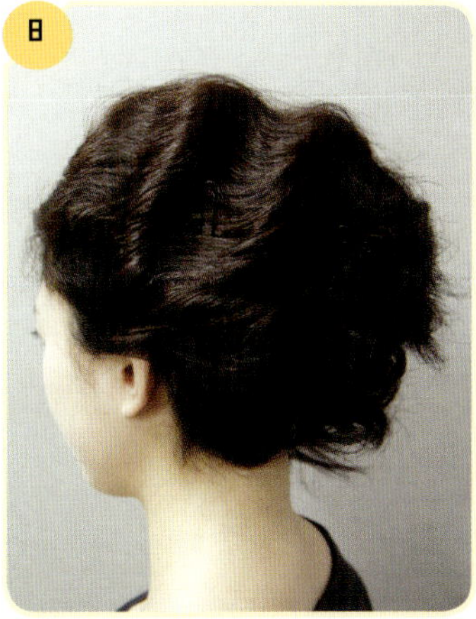

7 전두부 이어사이드 부분의 머리를 후두부 쪽에 연결시킨다.
8 트위스트 컬의 형태를 유지하면서 프론트 사이드의 모발을 연결시킨다.
9 오른쪽 사이드 역시 후두부 쪽으로 모아서 핀으로 고정한다.

10 전체적으로 완성된 모습이다.

4) 작품 4

컬의 형태 : C컬
방향 : 사선, 수직
질감 : 매끈, 울퉁불퉁
기법 :루프, 트위스트
기타 : 섹션을 뜬 후 루프의 기법으로 토대에 연결

1 크라운 지역에 말발굽모양으로 U자형 섹션을 나눈다.
2 백콤을 넣는다.
3 머리다발을 틀어서 탑쪽에 토대를 만든다.

4 네이프까지 백콤을 넣어 V자 형태로 토대를 만든다.
5 네이프 코너의 오른쪽 머리다발을 2등분으로 나누어 토대에 연결시킨다.
6 남은 머리다발도 곱게 빗질하여 토대에 연결시킨다.

7 네이프 사이드의 모발을 백콤을 넣어 끝머리를 트위스트하여 토대에 연결한다.
8 네이프 사이드 왼쪽 머리다발 역시 2등분으로 나누어 토대에 연결시킨다.
9 전두부 이어사이드 부분에 가볍게 백콤을 넣는다.

10 C컬 형태로 매끈하게 빗어 탑쪽으로 연결시킨다.
11 머리다발의 끝부분을 가볍게 꼬아가며 탑쪽으로 연결시켜 고정한다,
12 후론트 부분은 C컬 형태로 매끈하게 빗는다.

13 핀셋으로 고정하면서 C컬 형태를 유지하며 탑쪽으로 연결시켜 고정한다.
14 완성된 모습이다.

5) 작품 5

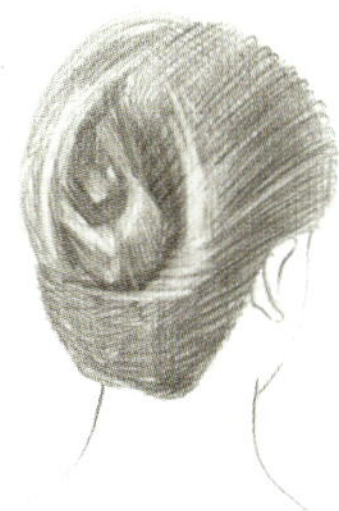

컬의 형태 : C컬
방향 : 사선, 수직
질감 : 매끈
기법 : 트위스트, 롤
기타 : 토대를 교차로 고정

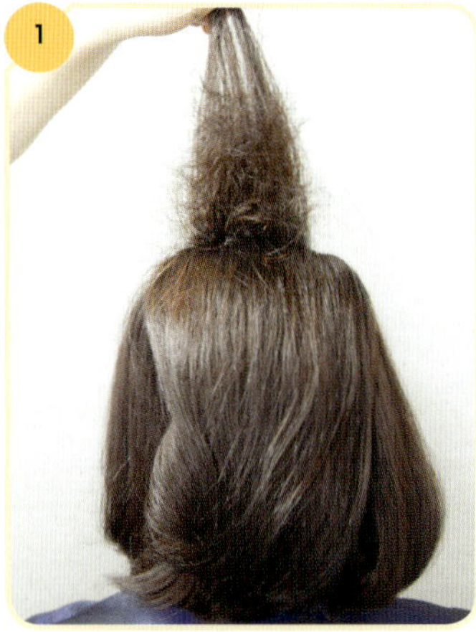

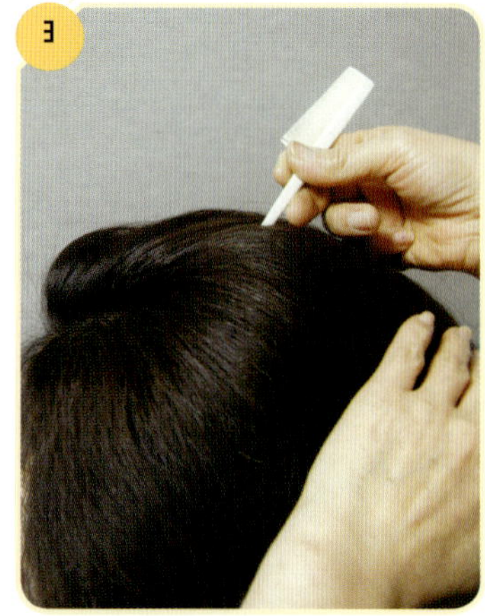

1 전체적으로 백콤을 넣는다.
2 모발 전체를 곱게 빗는다.
3 꼬리 빗으로 볼륨을 살린다.

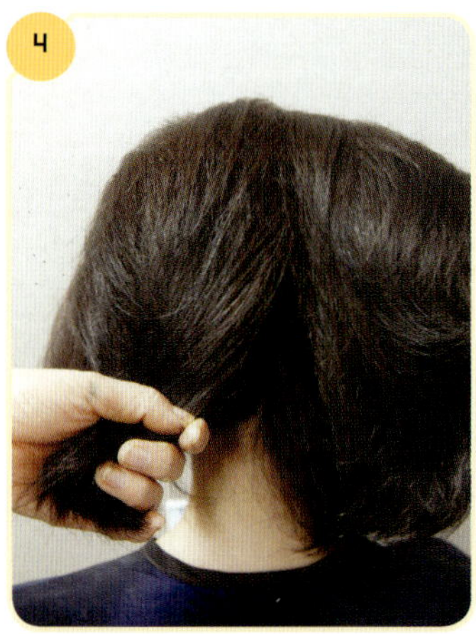

4 후두부에 머리다발을 조심스럽게 백 센터로 나눈다.
5 롤의 기법을 이용하여 탑 쪽으로 돌려 말아 핀으로 고정한다.
6 완성된 네이프 사이드의 모습이다.

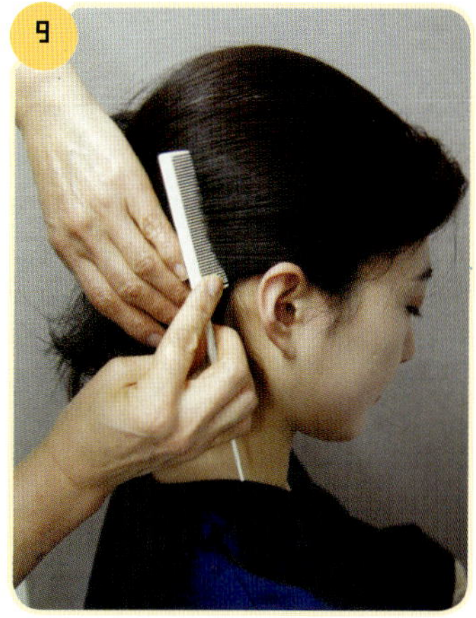

7 오른쪽 사이드의 머리다발을 곱게 빗어 네이프 중앙에 고정한다.
8 완성된 오른쪽 사이드의 모습이다.
9 앞 프론트는 C컬의 형태로 빗질하여 후두부 쪽으로 연결시킨다.

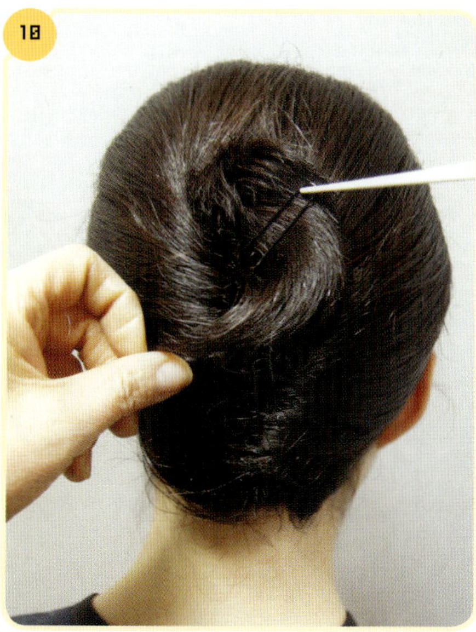

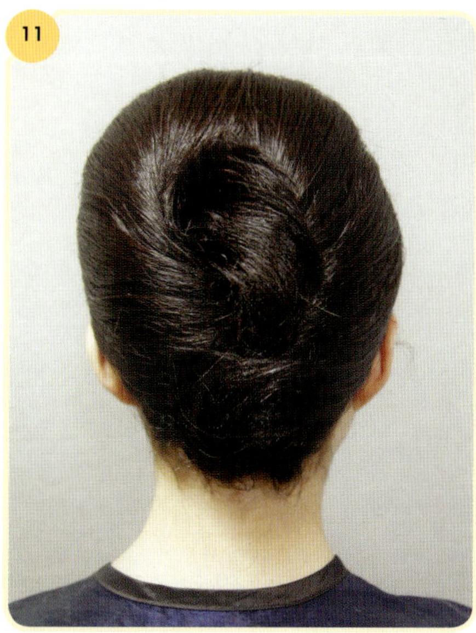

10 남아있는 끝부분의 머리카락은 예쁘게 빗질하여 연출한다.
11 완성된 모습이다.

6) 피스 응용 작품 1

컬의 형태 : C컬, S컬
방향 : 사선, 수직, 수평
질감 : 매끈
기법 : 롤, 트위스트
기타 : 2개의 작은 피스를 부착하여 웨이브를 만들어 고정

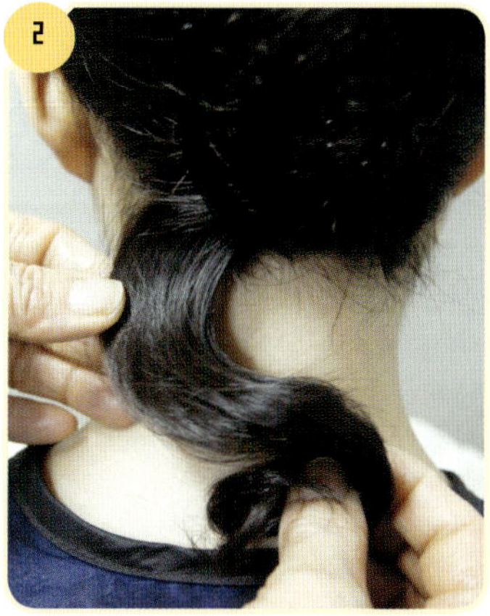

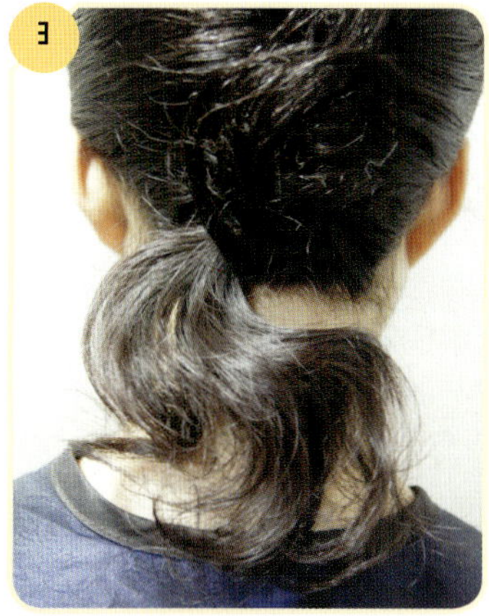

1 S컬로 와인딩 된 피스를 준비한다.
2 네이프에 피스를 고정한다.
3 피스에 백콤을 넣는다.

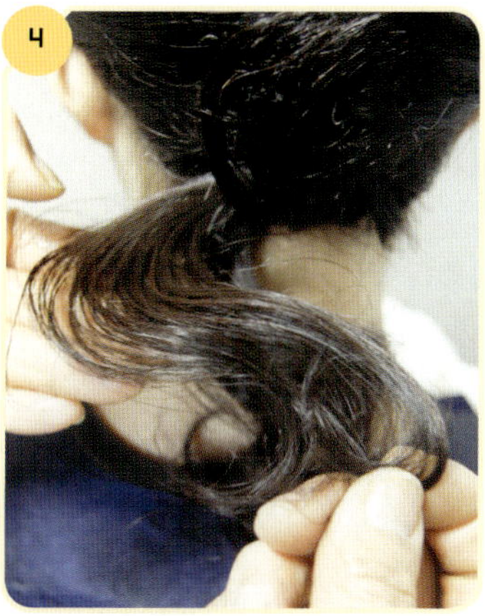

4 피스를 곱게 빗는다.
5 웨이브의 흐름을 고려하여 핀으로 고정하며 S자 형태를 만든다.
6 또 다른 피스를 크라운에 고정한다.

7 크라운에 고정된 피스에 백콤을 넣는다.
8 S자 흐름으로 곱게 빗는다.

7) 피스 응용 작품 2

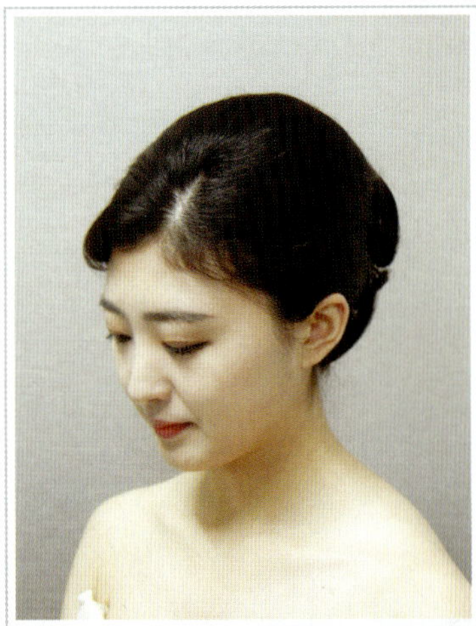

컬의 형태 : C컬, S컬
방향 : 사선, 수직
질감 : 매끈
기법 : 롤
기타 : 모량이 많은 1개의 피스를 사용

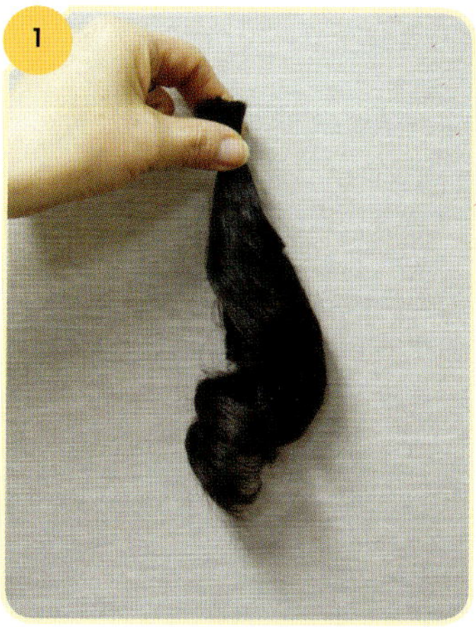

1 피스를 준비한다.
2 크라운에 피스를 고정한다.
3 피스를 소등분하여 백콤을 넣는다.

4 곱게 빗어서 웨이브의 흐름을 만들어 준다.
5 완성된 모습이다.

3. Long hair downstyle

1) 작품 1

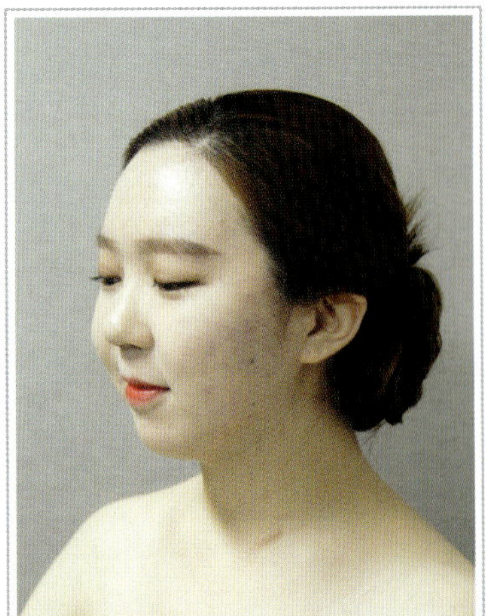

컬의 형태 : 스트레이트
방향 : 사선, 수직
질감 : 매끈, 울퉁불퉁
기법 : 매듭
기타 : 2가닥을 이용하여 언더라인에 매듭기법으로 연출

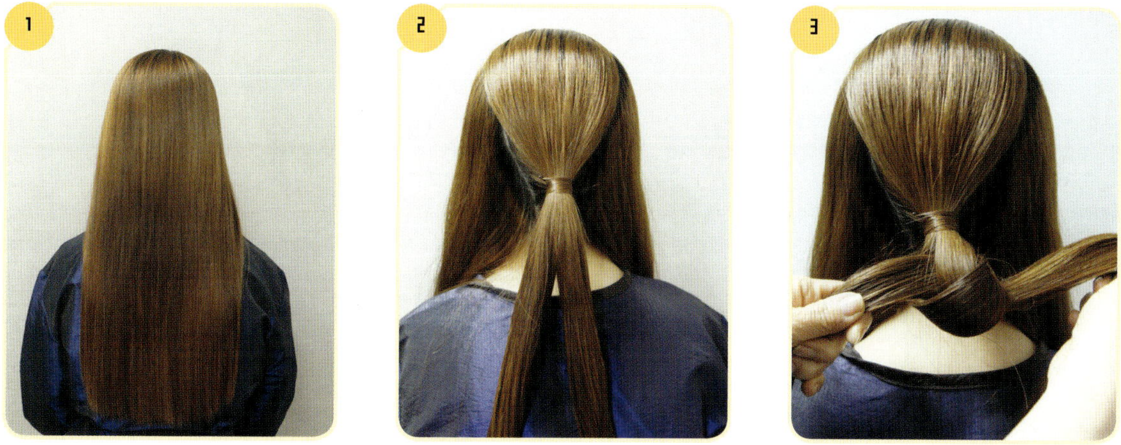

1 아이론을 이용하여 자연스러운 컬을 만다.
2 탑에서부터 네이프까지 넓은 V라인으로 섹션을 나눈 다음 백콤을 넣어 곱게 빗은 후 고무밴드로 묶는다.
3 네이프의 포니테일로 묶은 모발을 두 가닥으로 나누어 매듭으로 묶는다.

4, 5, 6 남은 모발을 한번 더 매듭으로 묶은 다음 끝머리의 모발은 곱게 빗어 부채살처럼 살린다.

7 전두부 이어사이드의 모발도 곱게 빗어 두 가닥으로 나눈다.
8 두 가닥의 모발을 매듭으로 묶어 네이프 사이드에 고정한다.
9 남은 모발을 다시 한 번 매듭으로 묶은 다음 핀으로 고정한다.

10 오른쪽 네이프 사이드도 동일한 방법으로 시술한다.
11 완성된 모습이다.

2) 작품 2

컬의 형태 : S컬
방향 : 사선, 수직
질감 : 매끈, 울퉁불퉁
기타 : S컬 형태 유지와 물결웨이브의 흐름 응용

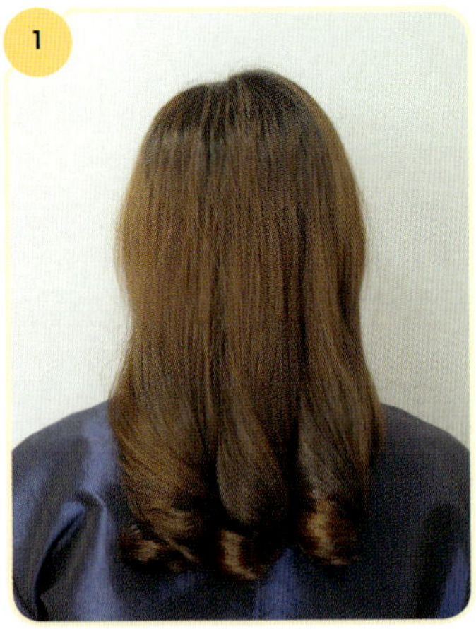
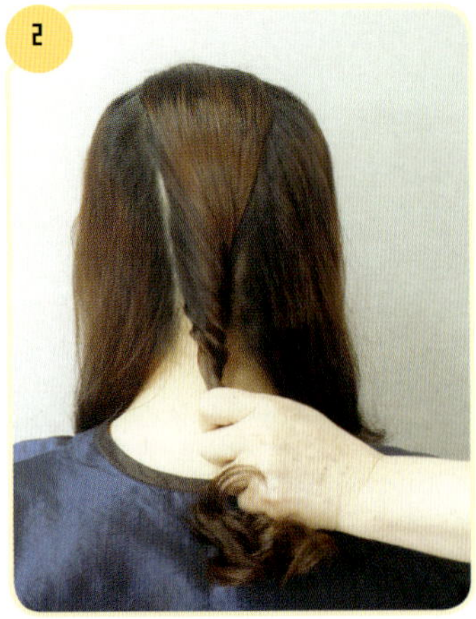

1 아이론을 이용하여 자연스러운 컬을 만든다.
2 탑에서부터 네이프 부분까지 V라인으로 섹션을 나눈다.

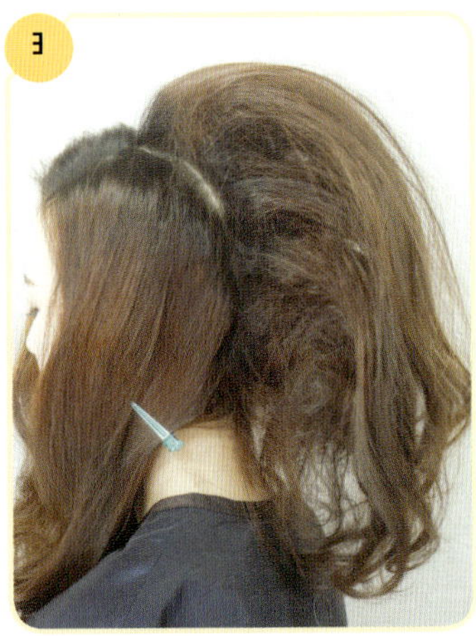

3, 4 탑에서부터 오버랩하여 백콤을 넣은 다음 네이프 중앙에 고무밴드로 고정한다.

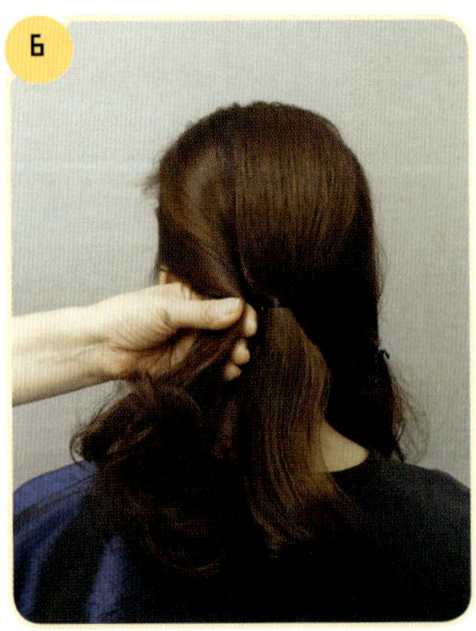

5, 6, 7 남아있는 왼쪽사이드 전체 모발에 백콤을 넣어 곱게 빗은 후 네이프 사이드에 고무밴드로 묶는다.

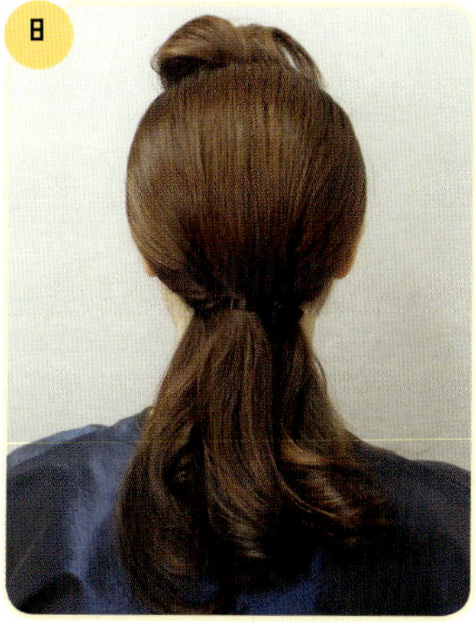

8 오른쪽 사이드도 동일한 방법으로 연출한다.
9 모발을 세 가닥을 나눈 다음 S컬 형태로 웨이브를 만들어 백부분에 고정시킨다.

10, 11 남아있는 두 다발의 모발도 S컬 형태로 웨이브를 만들어 균형을 맞추어 고정한다.
12 완성된 후두부의 모습이다.

13 프론트 앞머리 부분의 모발에 백콤을 넣는다.
14 모발을 곱게 빗은 다음 핀셋으로 웨이브의 형태를 잡아가며 고정한다.
15 완성된 모습이다.

3) 작품 3

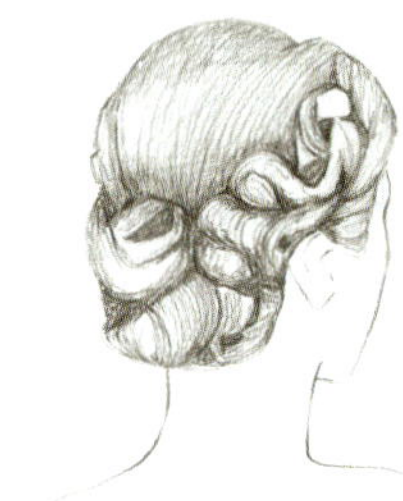

컬의 형태 : 스트레이트
방향 : 사선, 수직
질감 : 매끈, 울퉁불퉁
기법 : 트위스트
기타 : 많은 모량으로 느슨하게 트위스트

1

2
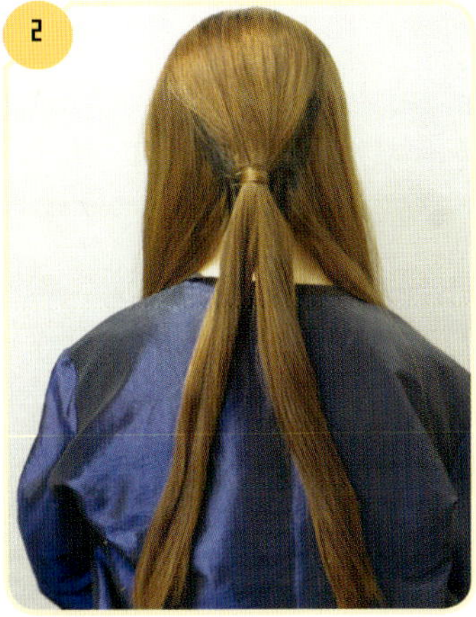

1 아이론을 이용하여 스트레이트로 곱게 편다.
2 탑에서부터 네이프까지 V라인으로 섹션을 나눈 다음 고무밴드로 묶는다.

3

4

5

3, 4, 5 포니테일로 묶은 모발을 두 가닥으로 나눈 다음 한 가닥 꼬기기법으로 시술하여 풀어지지 않도록 고정시킨다.

6 후두부 왼쪽 사이드의 모발은 세로로 길게 섹션을 나눈다.

7, 8 후두부에서 이어사이드까지 섹션을 나누어 동일한 방법으로 시술하여 끝부분의 모발이 풀어지지 않도록 핀으로 잘 고정한다.

9, 10 오른쪽 사이드의 모발도 동일한 방법으로 시술하여 연출한다.

11 완성된 모습이다.

4) 작품 4

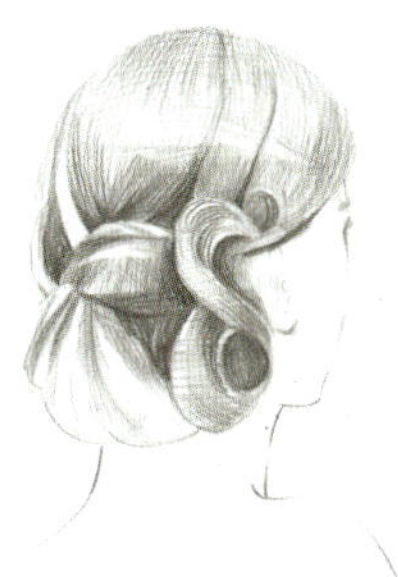

컬의 형태 : S컬
방향 : 사선, 수직
질감 : 매끈
기법 : 루프
기타 : 3가닥으로 나누어 고무줄로 묶은 후 S컬 형태 잡아주기

1 아이론을 이용하여 자연스러운 컬을 만다.
2 탑에서부터 네이프까지 U라인으로 섹션을 나눈 다음 고무밴드로 묶는다.
3 전두부 이어사이드 모발을 후두부 쪽으로 빗어 네이프 사이드에 고무밴드로 묶는다.

4, 5 백콤을 넣은 다음 곱게 빗어서 망으로 감싼다.

6, 7 네이프 센터의 포니테일에 백콤을 넣어 매끈하게 빗은 다음 두단으로 접어서 네이프 센터에 고정한다.

8, 9 왼쪽사이드의 모발은 S컬 웨이브를 만들어 이어포인트 쪽에 고정한다.
10 오른쪽 사이드와 앞머리도 동일한 방법으로 시술하여 연출한다.

11 완성된 모습이다.

5) 작품 5

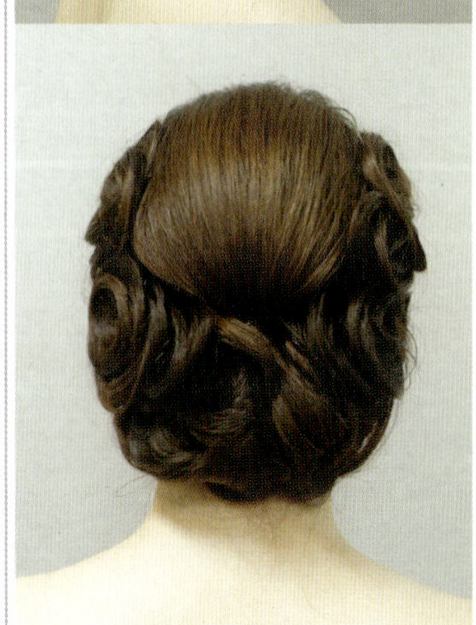

컬의 형태 : S컬
방향 : 사선, 수직
질감 : 매끈
기법 : 트위스트
기타 : 2가닥을 트위스트하여 느슨하게 펼친 후 뱅 만들기

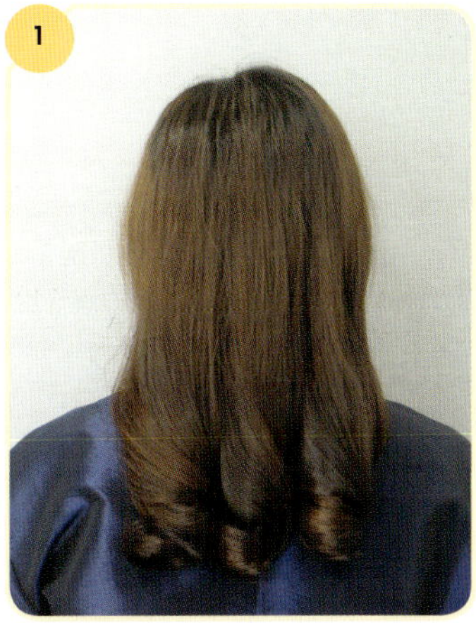

1 아이론을 이용하여 자연스러운 컬을 만든다.
2 크라운 지역에 말발굽모양으로 U자형 섹션으로 나눈다.

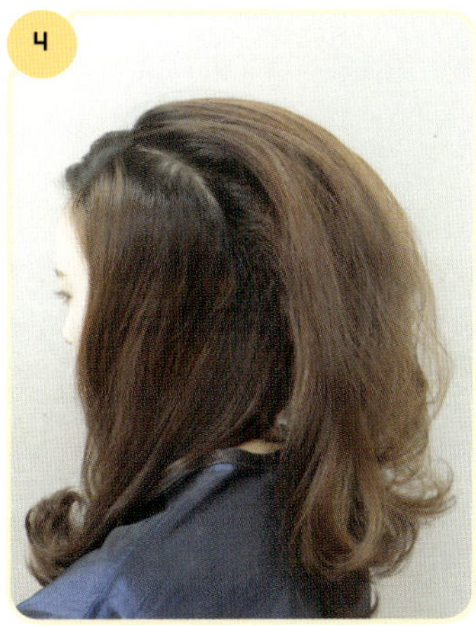
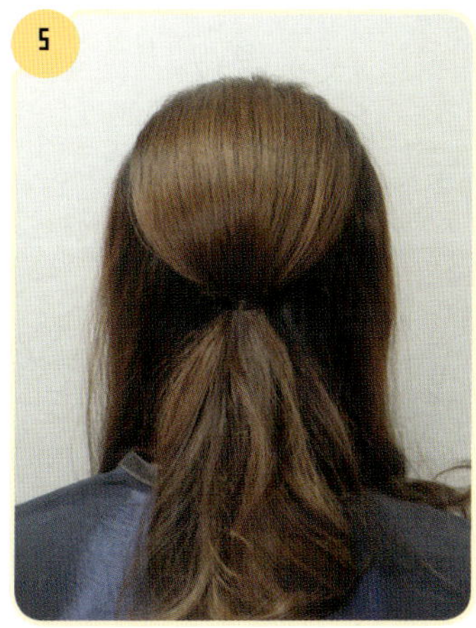

3, 4, 5 탑에서부터 백콤을 넣어 부풀린 다음 백부분에 고무밴드로 묶는다.

6, 7, 8 포니테일로 묶은 모발을 두 단으로 나눈 다음 꼬기 기법으로 시술하고 백 부분에 고정시킨다.

9, 10 남은 한 가닥의 모발도 동일한 기법으로 시술하여 고정한다.

11, 12 전두부 이어사이드를 포함한 왼쪽사이드의 판넬을 3등분으로 나눈 다음 네이프 쪽의 첫 번째 판넬을 두 가닥 꼬기를 한다. 한쪽의 모발을 약간 느슨하게 펼친 다음 둥그렇게 말아서 고정한다.

13, 14 두 번째 모발도 동일한 방법으로 시술하여 이어사이드 부분에 고정한다.

15, 16 전두부 이어사이드 부분의 모발도 동일한 방법으로 시술하여 끝부분의 모발을 둥글게 말아 고정시킨다.

17, 18 오른쪽사이드 모발도 프론트의 앞머리 모발까지 포함하여 동일하게 시술하여 연결한다.

19 완성된 모습이다.

4. Long hair upstyle

1) 작품 1

컬의 형태 : S컬
방향 : 사선, 수직
질감 : 울퉁불퉁
기법 : 트위스트, 롤
기타 : 2가닥 꼬기 기법을 교차하여 연결

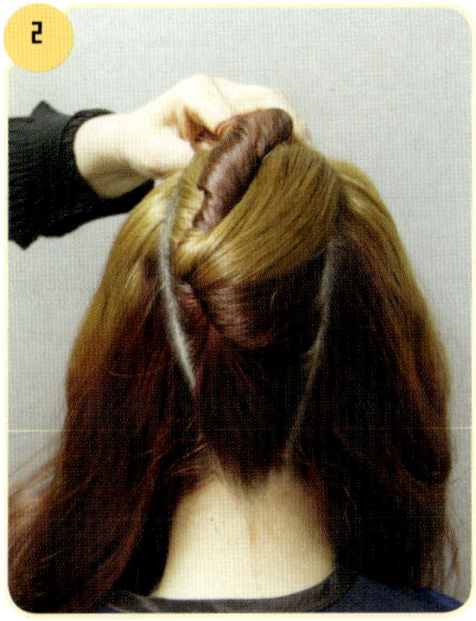

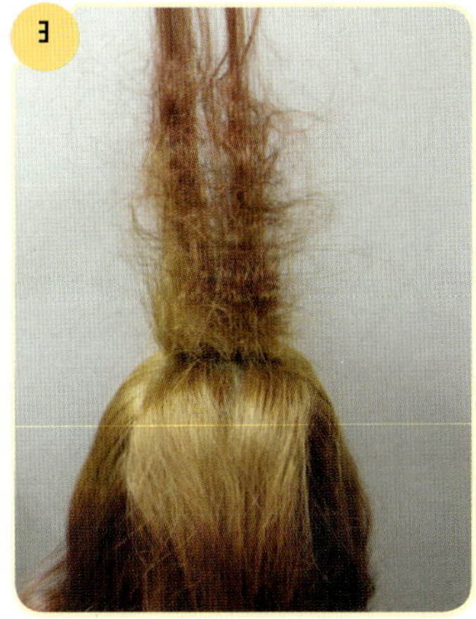

1 아이론을 이용하여 컬을 만다.
2 탑에서부터 네이프까지 V라인으로 섹션을 나눈다.
3 V섹션에 백콤을 넣는다.

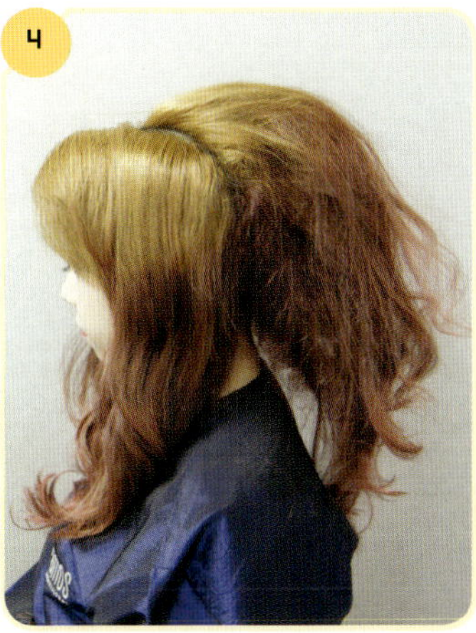

4 백콤을 넣은 상태의 모습이다.
5 백콤을 넣은 V라인 머리를 탑 부분에 모아서 소라의 형태를 만들면서 핀으로 고정한다.
6 고정된 토대의 모습이다.

7 왼쪽 네이프 사이드 이어부분까지 섹션을 나눈 뒤 모근부분만 백콤을 넣는다.
8 두 가닥으로 가볍게 꼬기하고 한쪽 부분만 넓게 편 다음 토대부분에 연결시킨다.
9 연결된 왼쪽 사이드는 꽃처럼 완성된 모습이다.

10 두 번째 섹션도 모근부분만 백콤을 넣은 후 8번과 같이 꼬기 기법을 이용하여 토대에 핀으로 고정한다.
11 전두부의 이어사이드 부분도 동일한 방법으로 연출한다.
12 프론트에 모발은 백쪽으로 당기면서 고정한다.

13, 14, 15 오른쪽 네이프의 사이드 부분도 왼쪽과 동일한 방법으로 시술하도록 한다.

16 탑 부분에 남아있는 끝부분의 모발은 매끈하고 조화롭게 연출한다.
17 프론트의 앞머리는 자연스럽게 정리한다.
18 완성된 모습이다.

2) 작품 2

컬의 형태 : S컬
방향 : 수평, 수직
질감 : 매끈, 울퉁불퉁
기법 : 롤
기타 : 롤기법으로 마무리 후 끝머리는 C컬 디자인으로 마무리

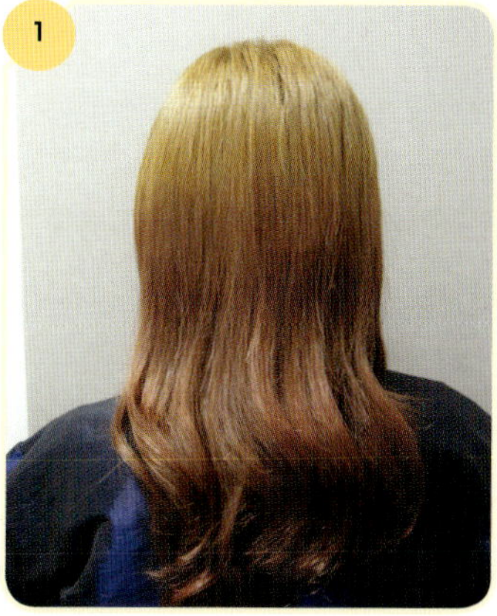

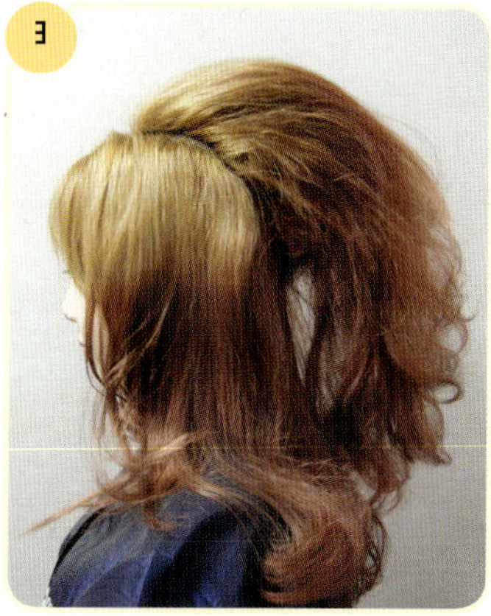

1 아이론을 이용하여 자연스러운 컬을 만든다.
2 탑에서부터 백부분까지 V라인으로 섹션을 나눈다.
3 V라인으로 부분에 백콤을 넣는다.

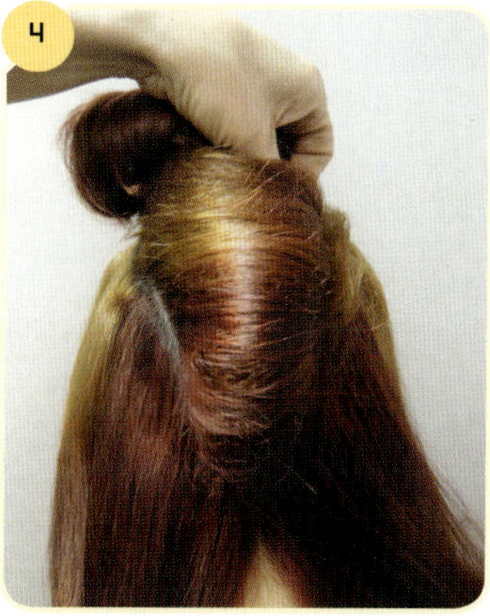

4 백콤을 넣은 V라인 머리를 탑 부분에 모아서 핀으로 고정한다.
5 후두부 왼쪽 네이프 사이드에 백콤을 넣는다.
6 롤의 형태로 곱게 빗어 토대에 핀으로 고정시킨다.

7 완성된 왼쪽사이드의 모습이다.
8 오른쪽 네이프 사이드도 왼쪽과 같은 동일한 기법으로 시술하도록 한다.
9 롤의 형태로 곱게 빗어 토대에 핀으로 고정시킨다.

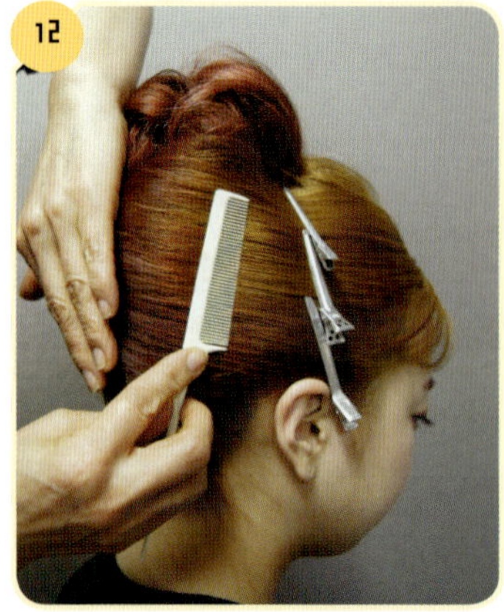

10, 11 전두부의 모발을 후두부에 연결하여 고정시킨다.
12 전두부 이어사이드 부분도 동일하게 후두부에 연결시킨다.

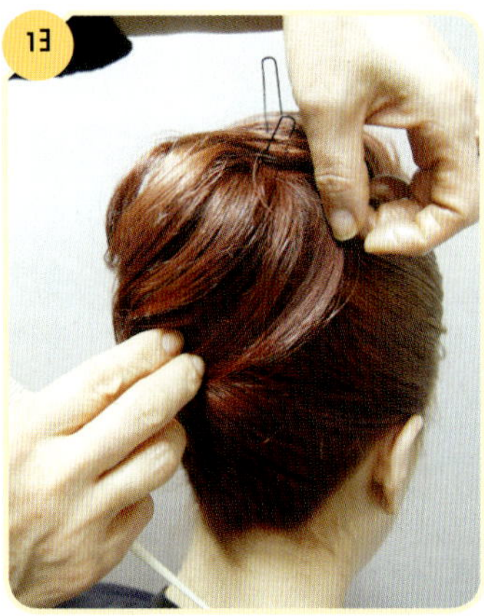

13, 14 탑 부분에 남아있는 끝부분의 모발을 매끈하게 빗은 다음 골을 파듯이 시술한다.
15 프론트 앞머리는 자연스럽게 정리한다.

16 완성된 모습이다.

3) 작품 3

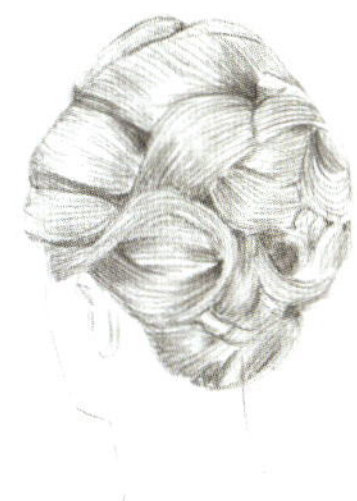

컬의 형태 : S컬
방향 : 사선, 수직, 수평
질감 : 매끈, 울퉁불퉁
기법 : 매듭
기타 : 매듭기법으로 토대를 커버하여 완성

1 아이론을 이용하여 자연스러운 컬을 만다.
2 탑에서부터 네이프 부분까지 V라인으로 섹션을 나눈다.
3 V라인을 2등분으로 섹션을 나눈다.

4, 5, 6 모근에 백콤을 넣은 다음 두 가닥으로 트위스트한 다음 탑 부분에 모아서 핀으로 고정한다.

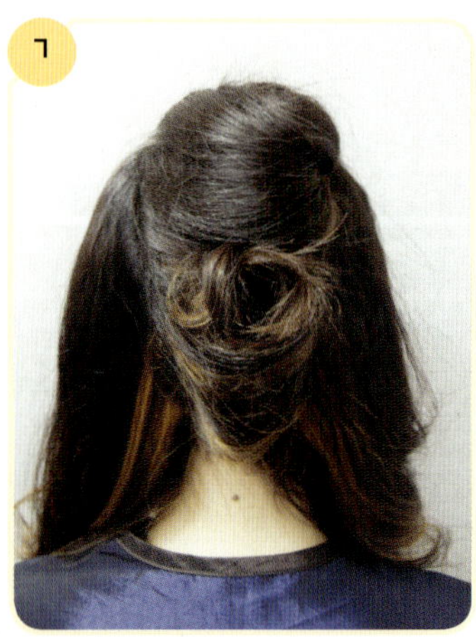

7 V라인의 아래 부분도 백콤을 넣어 백 부분에 고정한다.
8 왼쪽 네이프 사이드 이어부분까지 섹션을 나눈다.

9, 10 두 가닥으로 모발을 나눈 다음 매듭기법을 사용하여 두 가닥을 풀어지지 않게 묶는다.

11, 12 남은 모발을 다시 한 번 매듭으로 묶은 다음 남아있는 끝머리 모발을 말아서 핀으로 고정한다.

13, 14 전두부 이어사이드 부분도 동일한 방법을 이용하여 토대에 풀어지지 않게 고정한다.
15 완성된 왼쪽사이드의 모습이다.

16 오른쪽 네이프 사이드의 모발도 왼쪽과 같은 동일한 기법으로 시술하도록 한다.

17, 18 앞머리 역시 두 가닥 매듭을 지어가며 자연스럽게 연출한다.

4) 작품 4

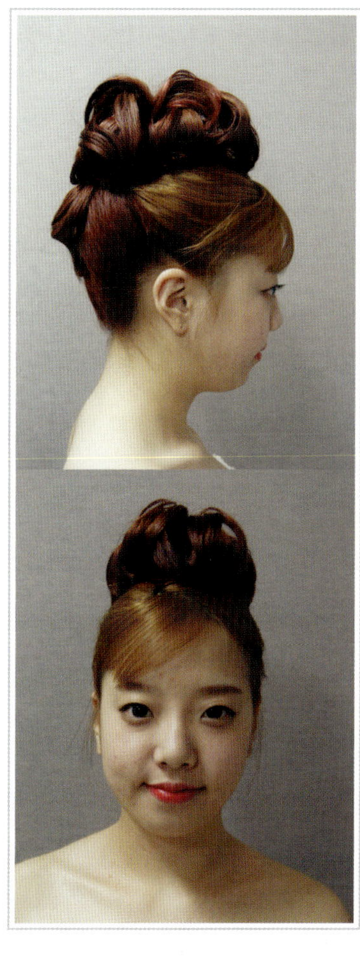

컬의 형태 : S컬
방향 : 사선, 수직
질감 : 매끈, 울퉁불퉁
기법 : 트위스트, 땋기, 롤
기타 : 롤의 기법으로 탑에 고정 후 느슨한 4가닥 땋기

1 크라운 지역에 말발굽모양으로 U자형 섹션을 나눈다.
2 모근에만 백콤을 넣어 고무밴드로 묶는다.
3 후두부 네이프 사이드 왼쪽머리에 백콤을 넣은 다음 롤 기법으로 모발을 모아서 토대에 감아서 핀으로 고정한다.

4 오른쪽 사이드 모발도 동일하게 시술한다.
5, 6 전두부의 머리다발도 곱게 빗어 토대에 고정한다.

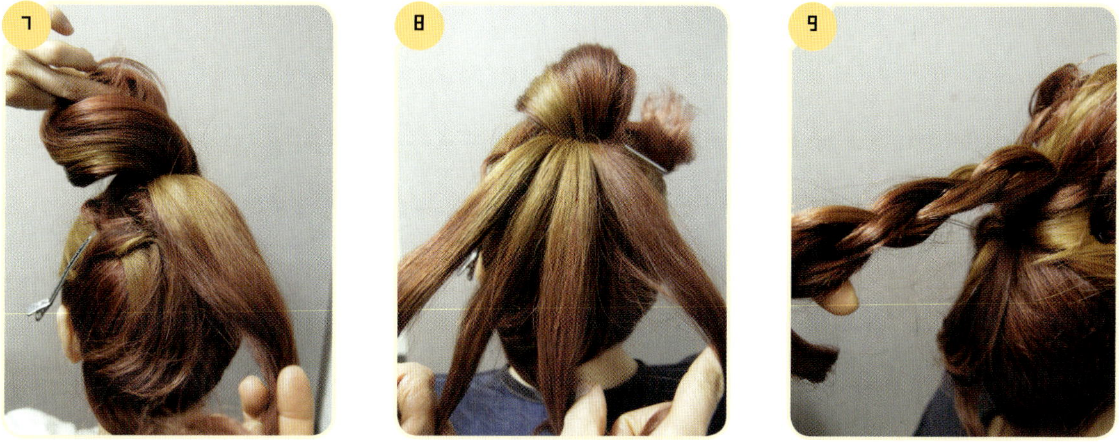

7 남아있는 모발을 3 등분으로 나눈 다음 두 판넬의 모발을 교차시킨다.
8, 9 네 가닥으로 나눈 다음 네가닥 땋기로 느슨하게 시술한다.

10, 11, 12 레이스처럼 면을 늘려서 형태를 만든 다음 탑 쪽에 고정시킨다.

13, 14 남아있는 모발은 네이프 쪽으로 다운시켜 S자 웨이브를 연출한다.

5) 작품 5

컬의 형태 : S컬
방향 : 사선, 수직
질감 : 매끈, 울퉁불퉁
기법 : 트위스트, 땋기
기타 : 느슨한 롤의 형태로 토대에 연결 후 끝머리는 루프 디자인로 고정

1

2

1 아이론을 이용하여 S컬 웨이브로 와인딩 한다.
2 크라운 지역에 말발굽 모양인 U자형으로 섹션을 나눈다.

3
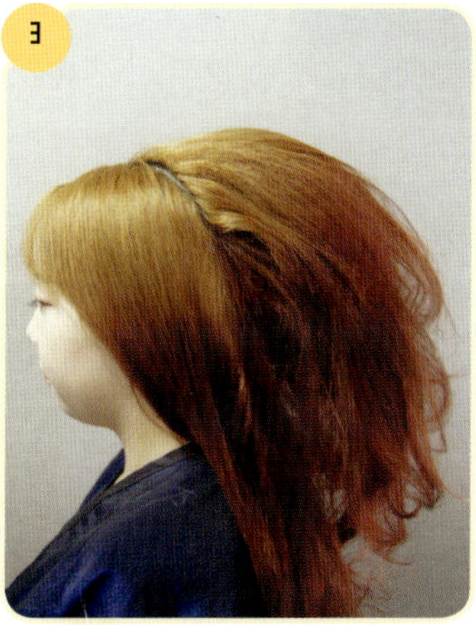

4

5
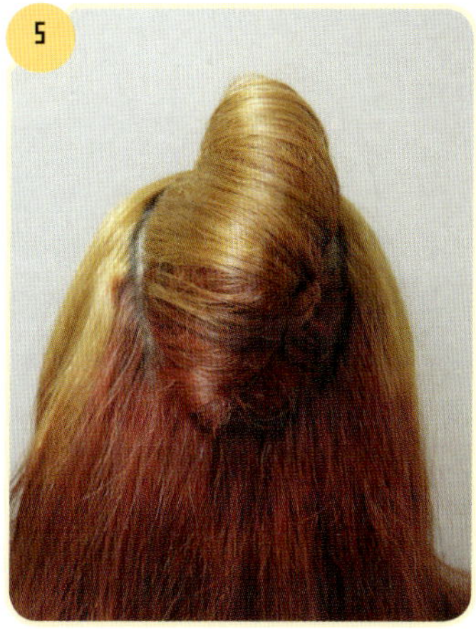

3, 4, 5 백콤을 넣어 롤 말기 기법으로 돌려 말아서 토대를 만든다.

6

7

6, 7 전두부 왼쪽사이드 앞머리 부분에서 섹션을 뜬 후 느슨한 꼬기 기법으로 다운시켜 진행하며 토대에 고정한다.

8, 9, 10 후두부 쪽으로 진행하면서 균형을 잡고 네이프 사이드 부분도 느슨한 꼬기 기법으로 시술한 다음 골덴 포인트 쪽으로 빗어 올려 핀으로 고정한다.

11 오른쪽 사이드의 모발도 동일한 기법으로 시술한다.
12, 13 고정하고 남은 모발의 끝 부분의 모발을 서로 교차하면서 조화롭게 연결시킨다.

14 프론트에 짧은 앞머리도 C컬로 빗질하며 이마부분에 밀착이 되도록 자연스럽게 연결시킨다.

5. Décolleté upstyle

1) 작품 1

2) 작품 2

3) 작품 3

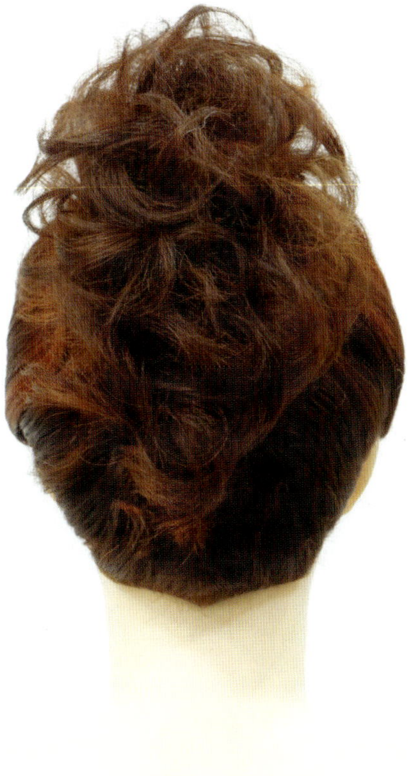

4) 작품 4

5) 작품 5

6) 작품 6

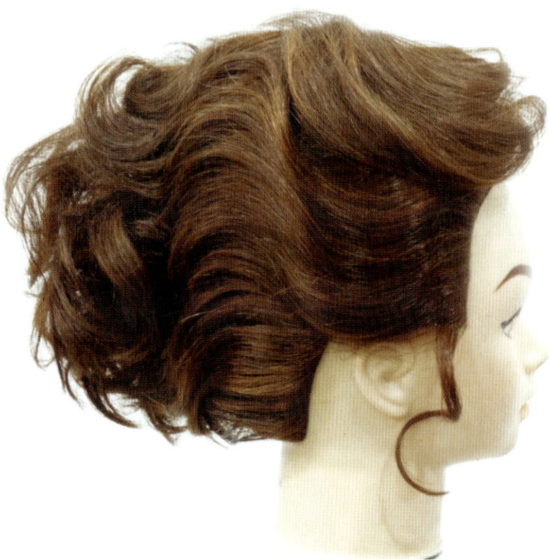

7) 작품 7

8) 작품 8

9) 작품 9

10) 작품 10

11) 작품 11

12) 작품 12

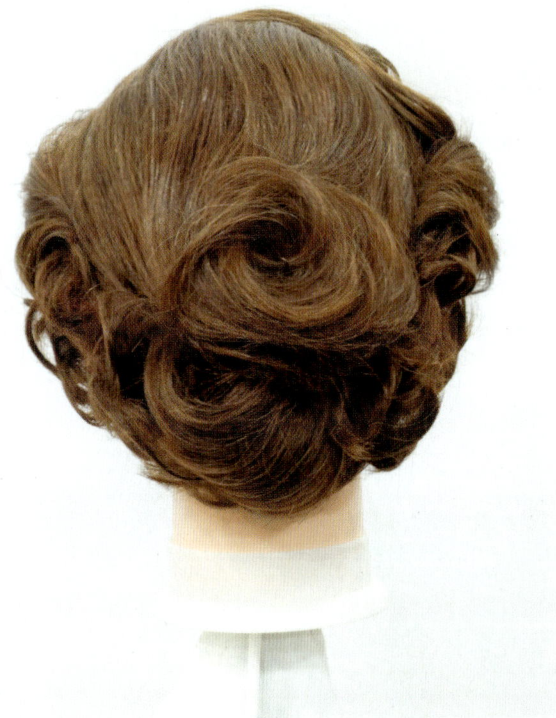

13) 작품 13

14) 작품 14

15) 작품 15

16) 작품 16

17) 작품 17

6. 고전머리의 현대화(modernization of the classic hairstyle)

Ⅰ. 웨딩 업스타일

1) 작품 1

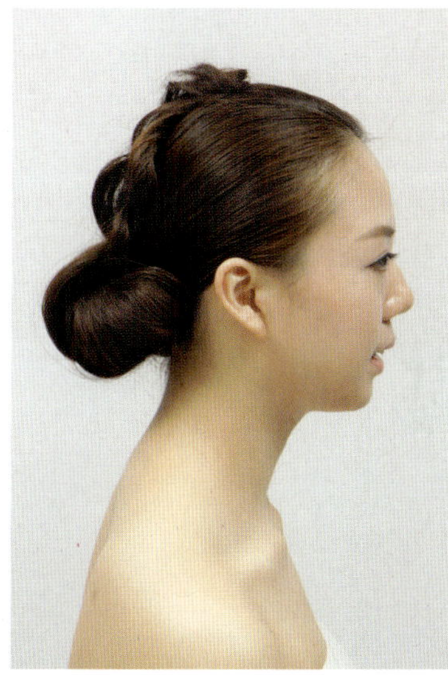

2) 작품 2

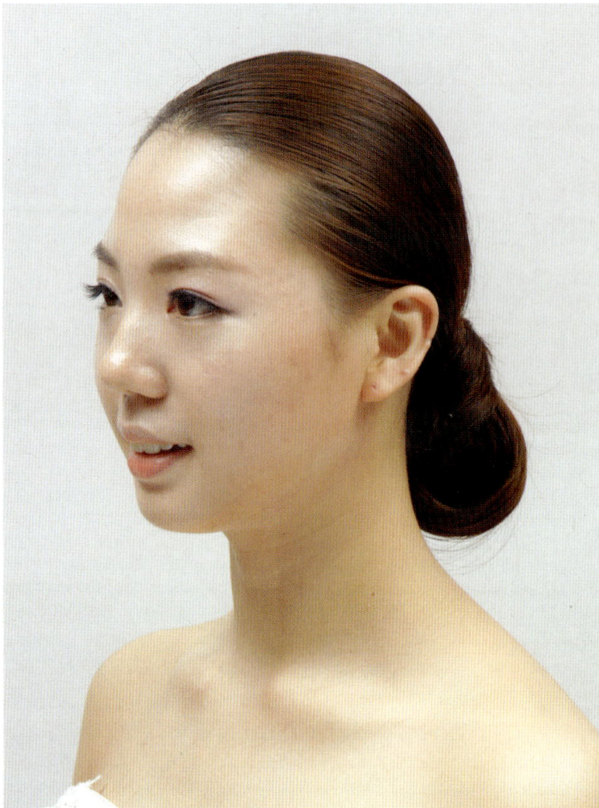

3) 작품 3

4) 작품 4

5) 작품 5

6) 작품 6

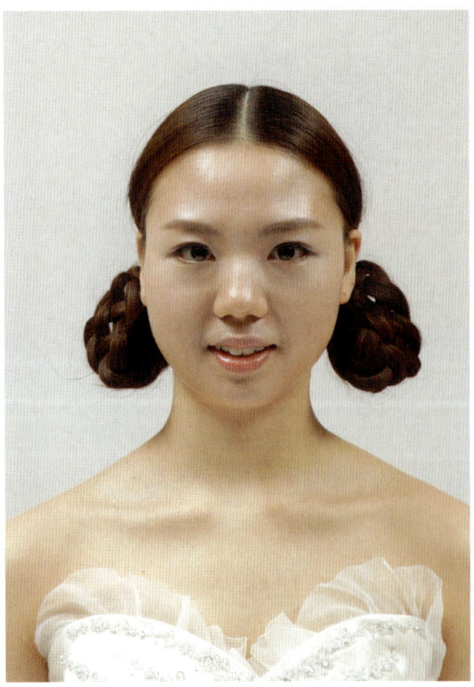

7) 작품 7

8) 작품 8

9) 작품 9

10) 작품 10

11) 작품 11

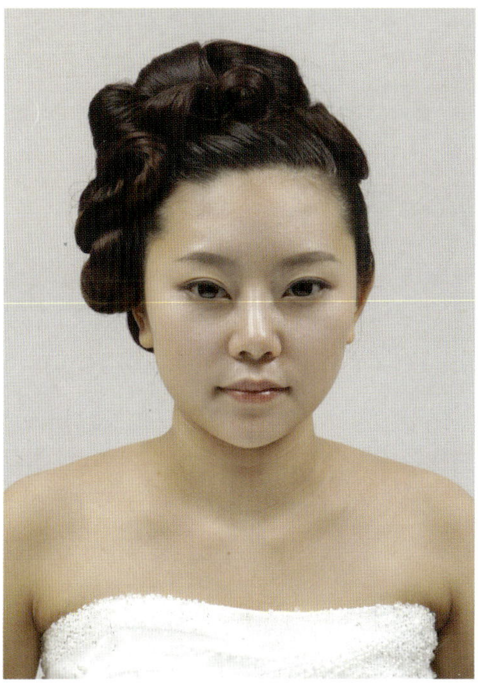

12) 작품 12

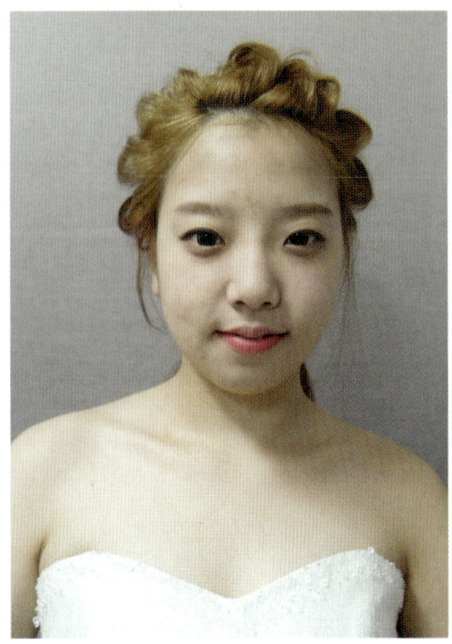

13) 작품 13

14) 작품 14

15) 작품 15

16) 작품 16

Ⅱ. 혼주 업스타일

1) 작품 1

2) 작품 2

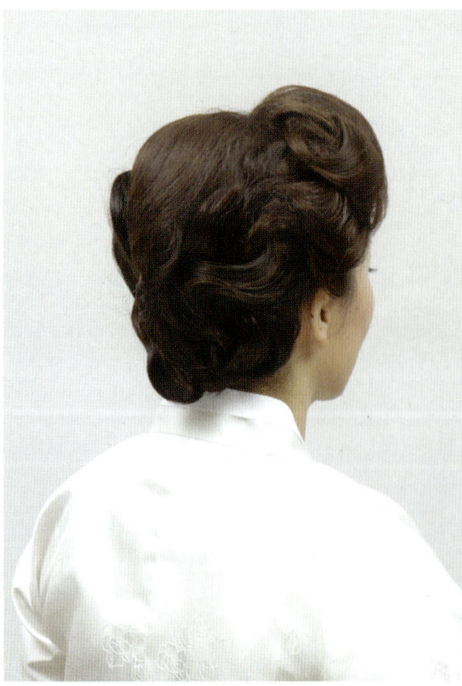

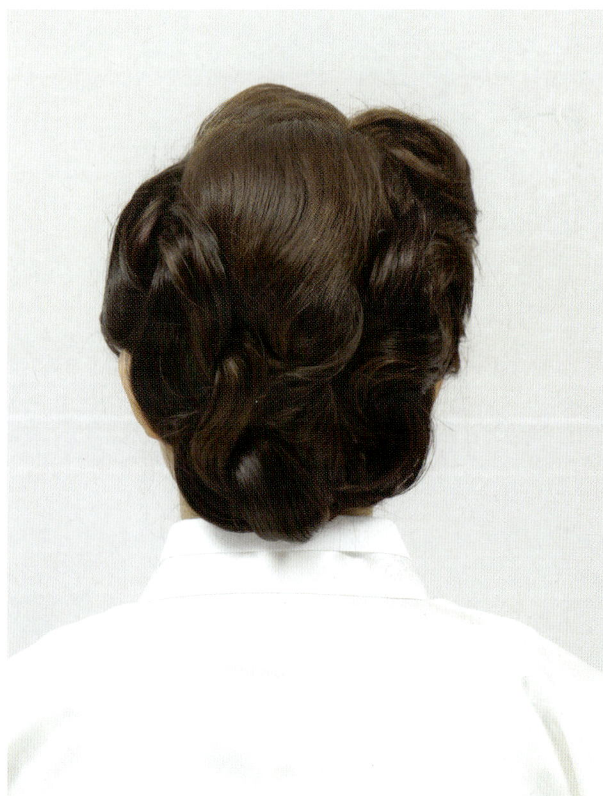

3) 작품 3

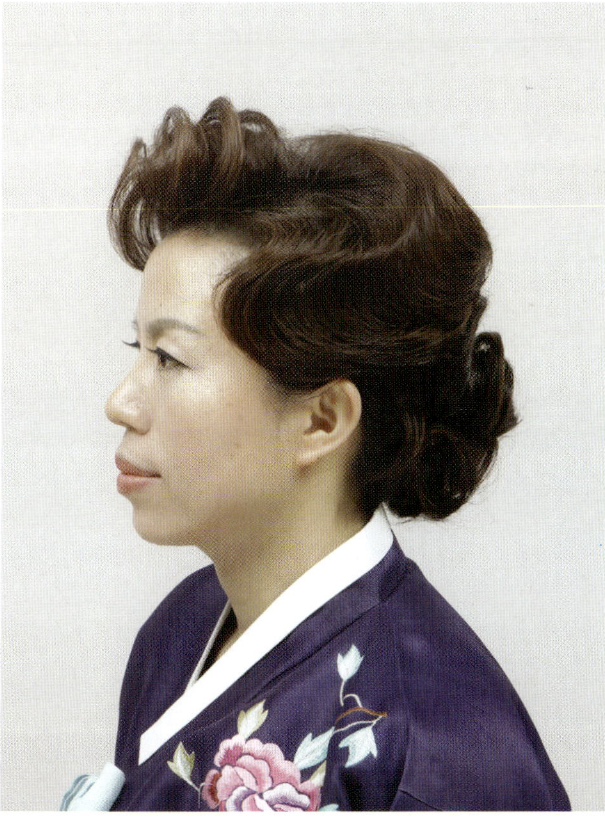

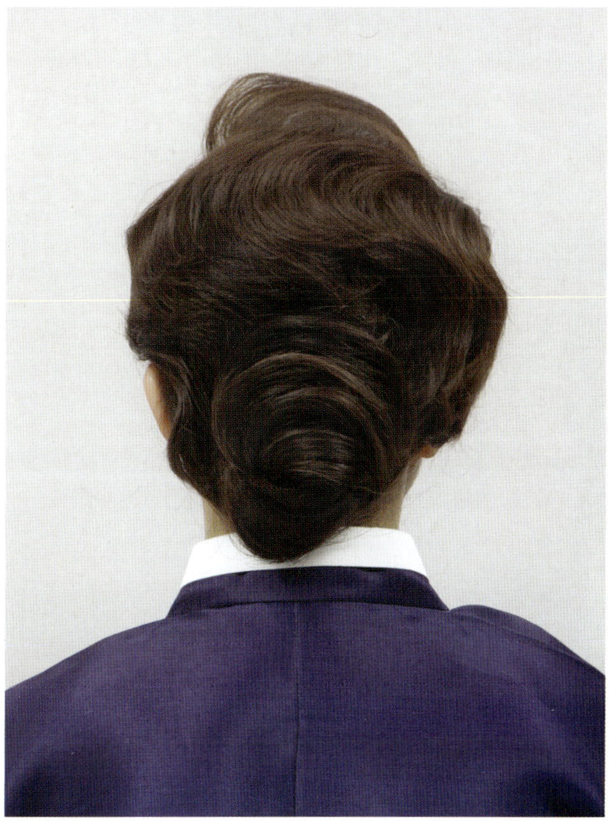

4) 작품 4

5) 작품 5

6) 작품 6

7) 작품 7

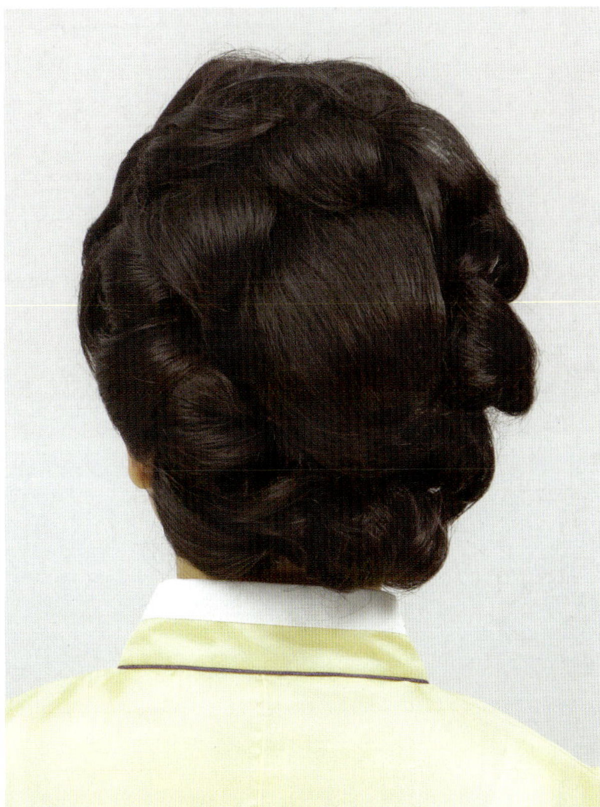

8) 작품 8

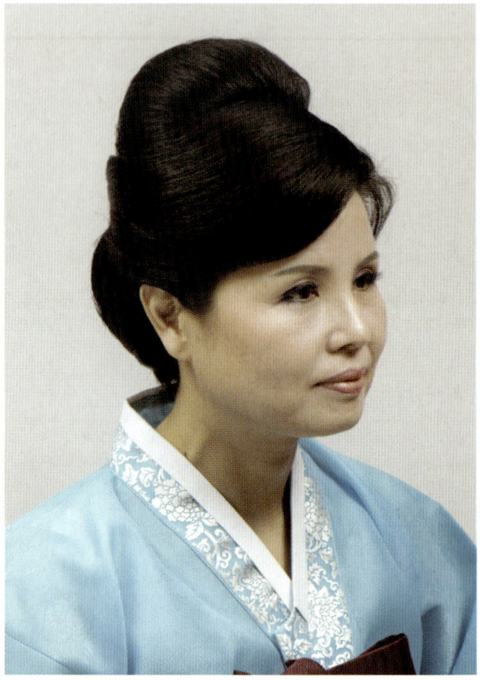
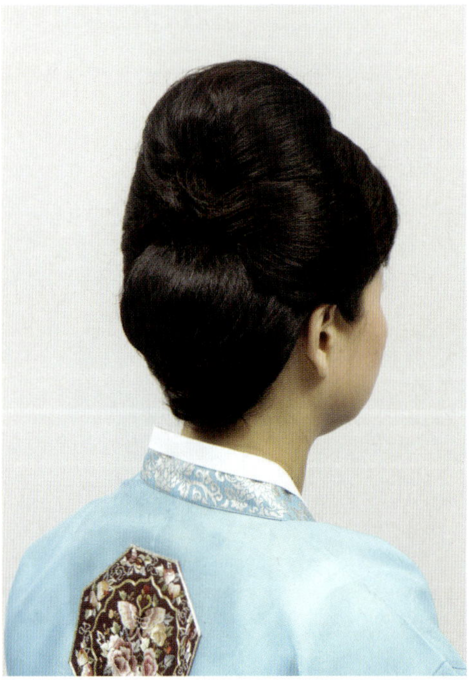

9) 작품 9

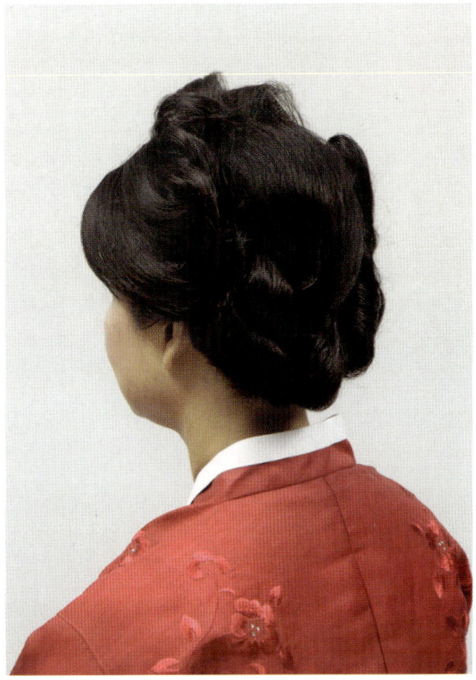

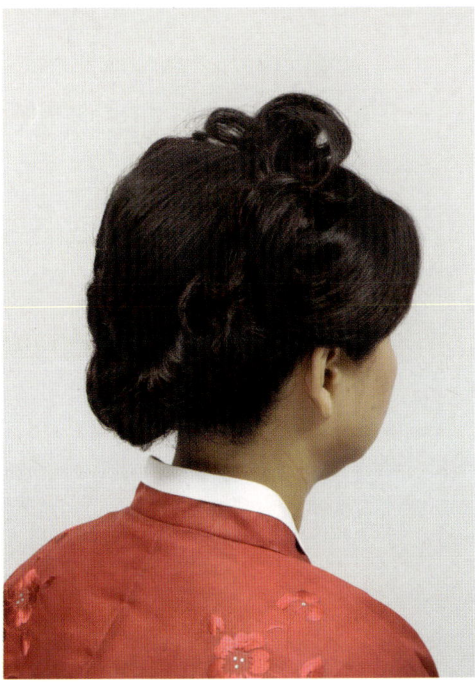

10) 작품 10

7. 업스타일 장식(decoration)

참고문헌

김진숙, 조판래 〈업스타일 디자인〉 2006, 청구문화사
www.google.co.kr

찾아보기

INDEX

실용업스타일

2016년 3월 05일 초판인쇄
2016년 3월 10일 초판발행

지은이 : 김진숙, 손진아

펴낸이 : 이상태
펴낸곳 : 청구문화사
주　소 : (03706) 서울특별시 서대문구 성산로11길 15
전　화 : 02-332-0541(代)　FAX : 02-337-9577
등　록 : 1990년 11월 2일 제9-247호

가격 35,000원

ISBN 978-89-5616-698-8 93590